柑橘提质增效生产丛书

图说沃柑优质高效栽培技术

TUSHUO WOGAN
YOUZHI GAOXIAO ZAIPEI JISHU

肖远辉 莫健生 等 编著

中国农业出版社
北 京

图书在版编目（CIP）数据

图说沃柑优质高效栽培技术 / 肖远辉等编著. —北京：中国农业出版社，2021.8（2024.3重印）
（柑橘提质增效生产丛书）
ISBN 978-7-109-28185-1

Ⅰ. ①图… Ⅱ. ①肖… Ⅲ. ①柑-果树园艺-图解 Ⅳ. ①S666.1-64

中国版本图书馆CIP数据核字（2021）第076129号

中国农业出版社出版
地址：北京市朝阳区麦子店街18号楼
邮编：100125
责任编辑：郭银巧　张　利
版式设计：杜　然　　责任校对：赵　硕
印刷：中农印务有限公司
版次：2021年8月第1版
印次：2024年3月北京第2次印刷
发行：新华书店北京发行所
开本：880mm × 1230mm　1/32
印张：4
字数：110千字
定价：38.00元

编 著 者

肖远辉　莫健生　张社南　区善汉
梅正敏　傅翠娜　刘冰浩　贺申魁

前言

沃柑来源于以色列的Orah，为坦普尔橘橙和丹西红橘的杂交种，属宽皮柑橘类型，是我国近几年来发展最快的宽皮柑橘品种之一。在我国，沃柑主要分布于广西、云南、四川、重庆、贵州等地，广东、湖南、江西、福建等地有栽培。

近5年来，由于价格高、效益显著，广西柑橘产业特别是沃柑产业发展迅猛。据统计，2019年广西柑橘种植面积835万亩*，产量1 125万吨，其中沃柑种植面积超过150万亩，产量超过185万吨。沃柑已成为广大果农及众多投资者争相发展的产业，广西从2012年引种沃柑，短短7年时间发展到150万亩，足以可见沃柑的品种优势，但发展快也带来不少产业问题，应引起有关政府部门、科研人员及广大果农的重视。

沃柑产业突出问题主要有：一是果园缺乏规划，选址不科学，配套设施不完善，导致部分地区因低温霜冻引起大面积绝收、因排水不畅果树被淹死或果园被洪水冲垮的惨痛损失；二是沃柑推广前缺乏科学的砧木比较试验，苗木与砧木选择不合

* 亩为非法定计量单位，1亩≈667米^2。下同——编者注

理，良莠不齐的苗木在市场上可以随意流通和销售，导致生长缓慢、树体黄化甚至死亡，引起柑橘黄龙病、柑橘溃疡病传播、蔓延，严重影响着沃柑产业的健康发展；三是缺乏科学的种植技术，施肥不当引起的烧根、修剪不当导致的秋梢质量差和树冠荫蔽现象时有发生，大小年现象经常出现，病虫害防控不到位等；四是大型果园盲目追求规模，前期规划及资金预算不合理，没有完整的技术体系，管理不到位等问题。

为了进一步普及提高沃柑高效栽培技术，有针对性地解决上述问题，提高产业效益，确保沃柑产业的可持续发展，笔者根据科研成果及生产实践编写了《图说沃柑优质高效栽培技术》。由于我国各沃柑产区气候、土壤条件各异，而气候、土壤对沃柑生长发育影响很大，所以沃柑栽培技术必须因地制宜，灵活应用。

在本书的编写过程中，参考了诸多同行的文献资料，并得到单位领导和同事的大力支持，在此表示衷心的感谢！

由于笔者水平有限，书中难免存在不足和错误，敬请读者提出宝贵意见，以便今后修改和完善。

编著者

2021年2月于桂林

目录

第一章 沃柑产业现状

一、沃柑来源与分布

1.来源 沃柑来源于以色列的Orah，为坦普尔橘橙和丹西红橘的杂交种，英文名为Or，沃柑为中文音译，属宽皮柑橘类型。2004年中国农业科学院柑橘研究所从韩国济州柑橘试验场引进，2012年通过重庆市农作物品种审定委员会审定；2012年广西武鸣县从重庆引进试种，2013年桂林市从重庆引进试种（图1-1），2015年通过广西壮族自治区农作物品种审定委员会审定。

图1-1 沃柑结果状

2.分布 目前，沃柑在我国主要分布于广西、云南、四川、重庆、贵州等地，湖南、江西、福建等地有栽培。在广西主要分布于南宁、桂林、来宾和柳州等地，其中以武鸣为主的南宁地区种植面积达76万亩（表1-1）。

表1-1　2019年广西沃柑主产地种植面积与产量情况

产地	面积（万亩）	产量（万吨）
南宁市	76.0	110.0
桂林市	23.0	35.0
柳州市	9.0	9.0
贺州市	4.0	2.5
河池市	7.0	6.8
百色市	4.5	2.0
玉林市	4.0	2.8
贵港市	6.8	5.0
钦州市	1.0	1.0
来宾市	15.0	11.0
合计	150.3	185.1

二、沃柑产业发展存在的问题

近几年，广西沃柑产业发展迅猛，2012年引进试种，2015年开始大面积推广，2019年种植面积达到150.3万亩，产量达到185.1万吨。由于发展过快，广西沃柑产业存在不少问题。主要问题有以下5方面：

1.不顾气候条件盲目种植　品种选择没有考虑当地的气候条件，在有效积温低、霜冻严重的地区种植沃柑，冻害严重、果实品质较差。2017年12月17 ～ 22日，桂北不同区域沃柑遭受不同程度的冻害。笔者2017年12月21 ～ 22日和2018年1月10日，分别赴全州县的庙头镇、绍水镇、才湾镇和灌阳县的新街镇进行了沃柑冻害情况调查，霜冻前树冠不覆盖，树体受冻轻者为冻害2级，重者达冻害5级；沃柑果实冻伤率平均达96.2%，重者达100%（图1-2、图1-3、图1-4）。

图1-2　2021年1月全州县沃柑冻害

图1-3　2018年1月全州县沃柑冻害

图1-4　2021年1月全州县沃柑冻害情况（盖膜）

（1）*沃柑树体受冻情况*　霜冻前不盖膜，沃柑结果树晚秋梢、秋梢及晚夏梢大部分叶片卷曲、枯萎，部分春梢叶片卷曲、冻伤，按吴光林0～5级柑橘冻害标准，达冻害2级。全州县庙头镇李家村果园，二年生红橘砧沃柑，嫁接口上主干及主枝冻裂，韧皮部和木质部分离，春梢以上枝叶枯死，冻害5级。说明幼龄树冻害比成年树重（图1-5、图1-6）。

图1-5　沃柑幼树冻害情况

图1-6　沃柑幼树受冻树皮开裂

（2）沃柑果实受冻情况　霜冻前树冠不覆盖的果园，除部分树冠下部内膛果实未受冻外，大部分果实海绵层与内果皮分离，有酒糟味，汁胞枯水干渣。全州县庙头镇李家村果园，四年生沃柑，柠檬砧，面积11.3公顷，果实冻伤严重，平均冻伤率达96.81%，最重达100%；全州县绍水镇桂北农场果园，四年生沃柑，香橙砧，面积26.7公顷，果实平均冻伤率达68.95%；全州县才湾镇山里桥村果园，三年生沃柑，枳壳砧，面积0.21公顷，霜冻前盖膜，果实冻伤率最重者为20.22%，最轻者为9.43%，平均15.88%，受冻的主要原因是盖膜方法不当，塑料薄膜紧贴树冠，无缓冲空间，导致与薄膜接触的果实冻伤；全州县绍水镇桂北农场一队果园，四年生沃柑，香橙砧，面积1.30公顷，霜冻前树冠盖白色无纺布，除树冠顶部紧贴无纺布的果实受冻伤外，其余果实完好，果实平均冻伤率21.02%（图1-7、图1-8、图1-9）。

图1-7　沃柑果实冻害情况Ⅰ

图1-8　沃柑果实冻害情况Ⅱ

图1-9　沃柑果实冻害情况Ⅲ

2.**苗木良莠不齐，品种不纯，砧穗不亲和**　由于沃柑产业发展迅猛，无病毒苗木供不应求，导致沃柑苗木市场混乱，各种良莠不齐的苗木在市场上随意流通（图1-10）。推广前没有进行砧木筛选试验，各种砧木沃柑苗在市场都能买到，主要砧木有香橙、枳壳、酸橘、枳橙、红橘、柠檬等。不同的砧穗组合，缺乏配套的栽培技术研究，导致生产中出现各种问题，如：枳壳砧沃柑丰产性能好，但是容易出现“大小年”结果现象，甚至出现早衰问题（图1-11、图1-12）；酸橘砧沃柑生长旺盛，初结果树成花能力差产量低（图1-13）；枳壳砧、枳橙砧沃柑容易出现秋梢黄化问题（图1-14、图1-15）；来历不明砧木嫁接沃柑，根系弱、抗性差、脚腐病严重，普遍出现小脚树情况，挂果后树势快速衰退。不少果农采购携带柑橘碎叶病和强毒系柑橘衰退病苗木出现僵果问题，给种植户造成重大经济损失（图1-16至图1-22）。

图1-10　沃柑苗木

图1-12　枳壳砧沃柑“大小年”结果现象

图1-11　枳壳砧沃柑挂果过多

图1-14 枳壳砧沃柑黄化树嫁接口

图1-13 酸橘砧沃柑

图1-16 来历不明砧木嫁接沃柑出现小脚现象

图1-15 枳壳砧沃柑秋梢黄化

图1-18 来历不明砧木嫁接沃柑脚腐病严重

图1-17 来历不明砧木嫁接沃柑出现黄化

图1-20　来历不明砧木嫁接沃柑苗木嫁接口不亲和Ⅰ

图1-19　来历不明砧木嫁接沃柑苗木黄化严重

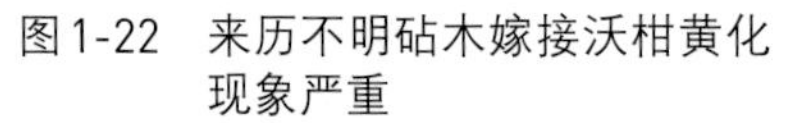

图1-21　来历不明砧木嫁接沃柑苗木嫁接口不亲和Ⅱ

图1-22　来历不明砧木嫁接沃柑黄化现象严重

3.柑橘溃疡病、黄龙病危害严重　沃柑易感柑橘溃疡病，由于苗木市场混乱，植物检疫不力，防治方法不当，导致沃柑柑橘溃疡病严重（图1-23、图1-24）。柑橘黄龙病是一种毁灭性病害，一旦发病，柑橘树就会逐步因病衰退直至死亡。果农购买来历不明的沃柑苗木，

图1-23　沃柑溃疡病症状

导致柑橘黄龙病高发，或者在果园周边还没有消除柑橘黄龙病病原的情况下，急于种植，结果2～3年后柑橘黄龙病逐步发生（图1-25、图1-26、图1-27）。

图1-24　沃柑幼果感染柑橘溃疡病

图1-25　沃柑种植第三年黄龙病发生情况

图1-26　沃柑种植第三年感染黄龙病情况

图1-27　沃柑黄龙病红鼻子果

4.栽培技术参差不齐　不同的生态条件、不同的土壤条件、不同的砧穗组合，其整形修剪、肥水管理及保花保果技术等也不相同。如2019年沃柑开花期遇到连续阴雨天气，部分果园灰霉病发生严重、导致坐果率低；2020年4月多雨寡照，影响春梢老熟和幼果转绿，梢果矛盾严重，5月初，遇到连续高温干旱，导致生理落果普遍严重（图1-28）；沃柑成熟期连续阴雨天气导致果实海绵层变蓝等问题（图1-29）。部分投资者和种植户没有种植经验、缺乏种植技术，因品种、苗木、建园、施肥、修剪、保果、病虫害防治等技术不够系统，或者因为种植面积过大管理不到位，导致产量低、品质差、效益差（图1-30至图1-35）。

图1-28　沃柑生理落果

图1-29　沃柑海绵层变蓝

图1-30　沃柑劣质果（甘海峰　提供）

图1-32　农药使用不当引起落叶落果

图1-31　九二〇浓度过高引起果实畸形

图1-33　无纺布覆盖时间过长，引起落叶、翌年花量少

图1-35　果实采收太晚，落果严重

图1-34　果园密闭、病虫害严重，产量低

三、沃柑产业发展前景

1.沃柑果实品质优良　沃柑果实（图1-36）外观靓丽，果肉细嫩化渣、高糖低酸、汁多味甜；果实中等大小，单果重130克左右；果实扁圆形，横径6.7厘米，纵径5.7厘米，果形指数0.85；果皮光滑，橙色或橙红色，油胞细密，微凸或与果面平，凹点

少；果顶端平，有不明显的印圈，柱区放射沟纹不明显；果皮包着紧，果皮厚0.36厘米，容易剥离；海绵层黄白色，囊瓣9～11瓣，中心柱大小1.25厘米×1.05厘米；果肉橙红色，汁胞小而短，囊壁薄。可溶性固形物含量15.3%，可滴定酸含量0.58%，每100毫升果汁转化糖含量12.76克、还原糖含量6.84克、维生素C含量23.69毫克，固酸比22.9，可食率74.62%，出汁率59.56%。

图1-36　沃柑果实

2.沃柑树势旺，丰产性能好　沃柑树势旺，早结丰产，种植后第二、三年可正式投产。高接换种的沃柑，在换种第二年即可少量挂果。重庆、云南等地高接换种，第二年单株产量可达10.9千克；第三年单株产量可达21.6千克。在广西栽培的沃柑，第三年单株产量达15.0千克。不同地区产量的差异可能与栽培条件、气候环境等因素有关（图1-37）。

图1-37　沃柑丰产树

3.熟期优势，采果期长　笔者于2015—2018年对不同产地以及同一产地不同采收期沃柑果实进行了理化性状分析。正常年份，在桂林沃柑果实1月下旬成熟，可留树挂果至4月初，采收期长达3个多月。在桂林，沃柑果实表现为高糖高酸，2月中旬开始，可滴定酸含量开始下降，可溶性固形物含量、全糖含量上升；3月中旬至3月下旬初，品质达到最佳，可溶性固形物含量为16.4%，全糖含量为14.89%，可滴定酸含量为0.56%，每100毫克果肉维生素C含量14.53毫克；4月初以后，可溶性固形物含量、全糖含量和维生素C含量逐步下降，可滴定酸含量上升（图1-38至图1-41）。

图1-38　沃柑留树保鲜到5月

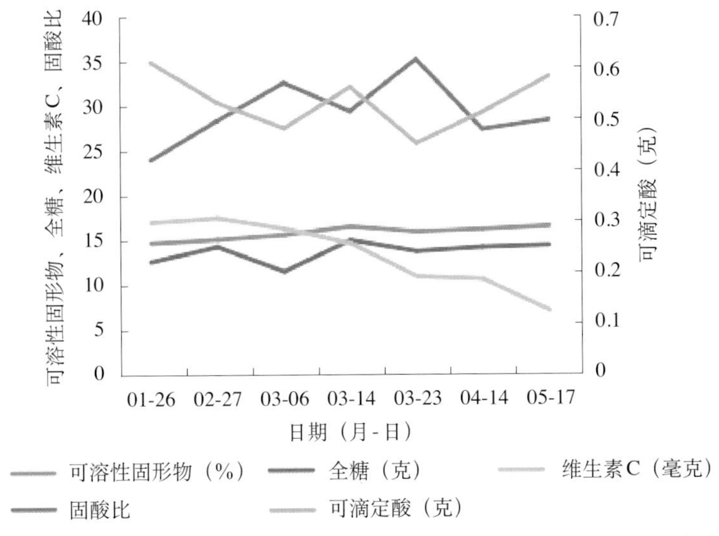

图1-39　2018年沃柑果实主要理化性状变化（桂林，广西特色作物研究院）

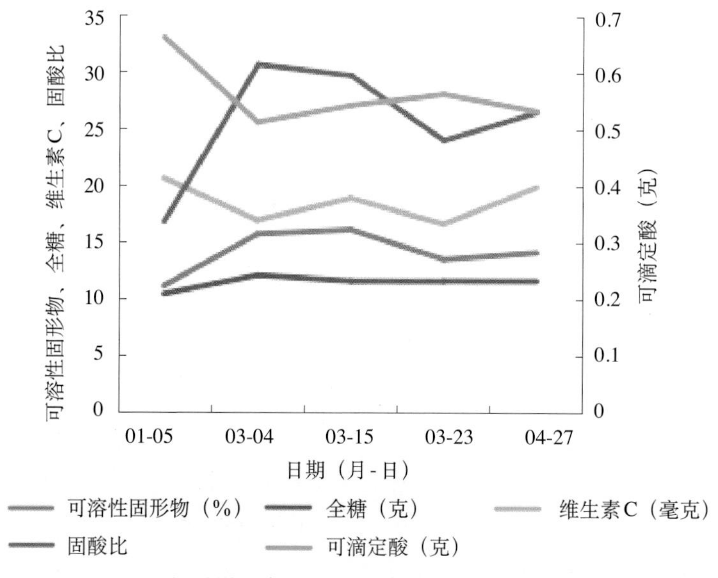

图1-40 2017年沃柑果实主要理化性状变化（桂林全州，桂北农场）

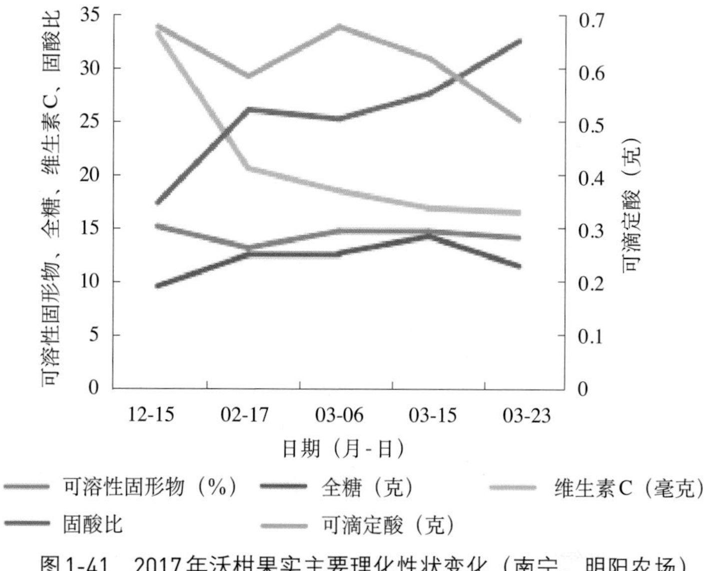

图1-41 2017年沃柑果实主要理化性状变化（南宁，明阳农场）

四、对于沃柑产业发展的建议

1.适地适栽，充分发挥沃柑的晚熟优势 沃柑对气候条件要求高，足够的年均气温和有效积温是获得高品质沃柑的基础。沃柑属于晚熟品种，冬季气温过低、霜冻严重的地区，果实不能安全越冬，不宜建园种植。年均气温>17.5℃、年有效积温（≥10℃）5 800～6 500℃、极端低温>−1℃、海拔<450米的地区，适合沃柑种植。

2.科学规划，高标准建园 一是选择适宜的气候条件、适宜的土壤种植，不要盲目乱种；二是科学建园，选择柑橘黄龙病风险低、风小、地下水位低、排水良好、交通方便、水源充足等适宜沃柑生长的地区建园；三是选择种植无病毒苗木。

3.种植无病毒苗木 由于苗木市场混乱，一般仅从苗木外观很难辨别是否带有柑橘黄龙病和其他检疫性病害。应避免购买接穗来源不明、没有防护措施的苗木场的苗木。种植来源不明或带病的苗木，极有可能出现柑橘黄龙病和溃疡病，造成重大经济损失。

4.做好柑橘溃疡病、黄龙病的防控 要切实做好柑橘黄龙病、溃疡病的防控工作，加强学习和技术培训，深刻认识柑橘黄龙病和溃疡病的危害性。通过学习识别柑橘黄龙病和溃疡病的症状，了解这两种病害的习性和传播方式，提高防控技术水平。联合周边种植者进行联防联控，做到统一种植无病苗木、统一普查病树、统一喷药、统一砍伐病树。

5.控制规模、适度发展 规模化种植基地一定要提前做好规划，按生产要素组建合理的企业架构。第一，合理预算资金，保障投入。农业投资回报周期长，不可预期因素多，一定要合理预算资金，预留风险保障金。第二，规模化种植不能只凭某些实践经验来投资，一定要建立理论与实践相结合的技术体系。第三，建立与技术体系匹配的管理体系，品种、资金、技术是成功的基础条件，成功的关键点在于管理。第四，规模化种植企业在种好果的基础上要建立自己的品牌和销售渠道，卖好果是最终目的。

第二章
建园与种植

中国柑橘栽培历史悠久，栽培面积与产量位居世界第一，但是个体分散小果园占了很大比重。随着产业的发展和市场需求，特别是2015—2018年沃柑种植带来的高效益，吸引了不少工商资本进入沃柑种植行业，进行规模化种植。按照现代化要求科学建立果园，是决定果园投资成败的重要因素之一。

一、园地要求

（一）气候条件

1.温度　温度是影响沃柑生长发育和果实品质的重要因素，主要指标是生物学有效积温与极端最低温度。沃柑耐寒性中等，适宜年均温17.5℃以上的柑橘产区种植，要求冬季气温不低于−1℃、年有效积温（≥10℃）5 800 ～ 6 500℃。冬季低温霜冻，容易对沃柑树体和果实造成危害（图2-1）。

图2-1　低温造成沃柑冻伤

2.水分 沃柑周年常绿，枝梢发生次数多，数量大，生长快，挂果期长，耗水量大，稳定可靠的水源是园地选择的重要条件。另外，在降水集中期，水田种植果园、低洼地区果园及地下水位高的果园，积水容易引起根系腐烂。沃柑不耐旱又怕涝（图2-2、图2-3），园地要靠近水源，或附近有蓄水的地方，以常年有水灌溉、年降水量1 200 ～ 2 000毫米为宜。平地建园地下水位过高的要通过果园建设把地下水位有效降至1米以下，宜起垄种植（图2-4、图2-5）。

图2-2 地下水位高种植沃柑黄化现象严重

图2-3 干旱缺水导致沃柑叶片卷曲

图2-4 深挖排水沟，降低地下水位

图2-5 起垄种植

3.风 风对沃柑的影响因风力强弱和季节而异。微风有利于气体交换，促进光合作用，改善果园微环境；大风可伤害沃柑枝叶，刮伤果实形成花皮果影响果实外观品质（图2-6）。风可以传播柑橘溃疡病，风造成枝叶损伤后容易引起溃疡病暴发（图2-7）；风还是柑橘木虱迁飞的主要助力途径，在疫区，容易造成果园间柑橘黄龙病感染与传播。在风害严重的地区建园要种植防风林或采取其他防风措施（图2-8、图2-9）。

图2-6　刮风引起果实刺伤

图2-7　刮风引起叶片刺伤

图2-9　搭建防风网

图2-8　果园周边种植防风林

（二）土壤条件

沃柑对土壤适应性比较广，以土层深厚、排水好、有机质丰富、pH 5.5 ~ 6.5的微酸性沙壤土或壤土为佳，pH过高或过低会对沃柑生长发育带来不利影响。在选择园地时要对土壤进行检测，检测内容包括氮、磷、钾、钙、镁、硫、铁、锰、锌、硼、钼、有机质含量及pH。

（三）地形条件

利用红壤、黄壤的缓坡地或丘陵山地等建园，要优先选择地形较开阔平整、土层深厚肥沃、灌溉条件较好、坡度在25°以下、避冻避风的地方，同时搞好水土保持和土壤改良。

丘陵建园时要注意保留或在园地上方新种水源林和防护林，规划道路网和排灌蓄水系统、工棚，修筑内斜式等高梯田（图2-10）。坡度大而地形复杂或土地零散的地方应放弃种植。

图2-10　山坡地修筑梯田

在丘陵坡地的梯面上，可开挖宽80 ～ 150厘米、深80 ～ 100厘米的改土壕沟或改土穴，挖出的表、底层土分开堆放，分别回填，回填沟、穴前最好任其暴晒一段时间（图2-11）。改土沟、穴回填时，根据当地条件，可同时压埋基肥，如绿肥、厩肥等粗肥以及磷肥、饼肥等精肥，也可用石灰（红黄壤等酸性土用）。将粗肥与挖出的表层土混合后回填到离沟底30 ～ 50厘米时，将精肥与底层土混合后回填到高出地面10 ～ 20厘米即可，最后将挖出的土壤全部回填，使改土沟、穴的土面高出地面20 ～ 30厘米，经过一

图2-11 开挖壕沟种植

段时间的风化下沉后即可定植。

为了加快定植后的苗木生长，在改土沟、穴回填后即可确定定植规格和定植穴的位置，对定植穴进行土壤培肥。方法是以栽植点为中心，在其半径20 ~ 25厘米、深40厘米范围内的土壤施用适量的人畜禽粪肥、饼肥、复合肥等肥料，边施肥边将肥料与土拌匀，避免肥料过于集中造成伤根。如回填后立即栽植，则种植穴内施用的农家肥应经过充分腐熟。丘陵柑橘园容易干旱，要修建充足的蓄水或灌水设施，一般应保证每亩果园有1 ~ 2米^{3}的可用水源（图2-12）。

利用水田及江河三角洲围田建园，要严格按标准建立三级排灌系统，使排灌自如，以降低地下水位，地下水位常年保持在80 ~ 100厘米以下。水位特别高的地方，可采用深沟高畦方式建园（图2-13），最初起土墩定植，以后逐年加深加大排水沟，培土加大土墩，最终筑成每两行有一条深80 ~ 100厘米、宽100 ~ 120厘米排水沟的龟背形栽植畦。同时，应修建防洪水闸和机械排水设施，并重视果园防护林网建设。

图2-12 水池与沼液池

图2-13 水田建园

（四）人文地理环境

果园投资周期长，租地年限一般在10 ～ 20年。园地周边的人文地理环境同样是规模果园建设的重要考量指标。首先要调查周边劳动力情况，包括劳动力数量、价格、年龄结构等；其次要调查周边的民风民俗及治安环境。

二、园地规划

（一）小区规划

园地选好以后，尤其对面积较大的果园，要用水平仪或经纬仪进行一次地形、地貌图的测定，标出等高线、山地、河流、面积、边界及现有设施，做好环境条件的各种说明，为具体设计规划提供依据。作业区要根据种植计划、劳动力、工作性质来决定。

（二）道路与建筑物规划

为管理和运输方便，应在果园中完善道路系统（图2-14），道路系统应与作业区、防护林、排灌系统、机械耕作系统相结合。一般大、中型果园要由主干道、支道和田间道3级道路组成。主干道是全园主要干线，要贯穿各个作业区，各区以主干道为分界线。主干道路面要宽，在山地局限性很大的情况下至少要保持5 ～ 6米（图2-15），除了行道树以外，可以通过2辆大卡车；小区支路，连接主干道，一般宽3米左右，主干道和支路路面可以铺填石料，以方便车辆通行；田间道是为了配合机耕，多在山腰设置环山道，宽2 ～ 3米，铺石料或土壤路面均可。坡度较大的山地果园还要修建倾斜上山的道路，宽度与田间道同，坡度不宜太大，以免拖拉机上山困难。各级道路的两旁修筑排水沟（沟的规格见水土保持部分）。各级道路也应和梯田一样保持一定的比例，避免道路积水。连接各

图2-14　果园规划

图2-15　山地果园道路

级道路使果园形成道路网络，方便机械耕作、运输果实和肥料。

在山高坡陡、地形比较复杂、建设道路难度较大的地区，可以铺设绞车或轨道车运送物资（图2-16）。如是绞车则在山间设置空中索道，索道一般是双线的，一条线上，一条线下，各作业区均应有一条索道，与库房相连接，便于运送肥料、果品及其他物资，索道中心控制室应设在场部附近。轨道车则可沿山坡修建一条轨道，供车辆上下运输。

平地果园则根据小区面积，合理设置主干道、支路和田间道路，原则上以既方便农用机械通行又不浪费土地为宜，不方便修建道路的地方可以铺设电动轨道车运送物资（图2-17）。

笔者2018—2019年跟踪调查安装田间轨道运输机对施肥和采果用工的影响，果园位于桂林市灵川县潭下镇，面积80亩，2018年7月安装5条轨道运输机。调查结果如表2-1。

表2-1　安装田间轨道运输机前后用工对比

	面积（亩）	采果量（吨）	搬运工人（个）	肥料用量（吨）	搬运工人（个）
安装前	80	250（2018年）	102	25（2019年）	25
安装后	80	150（2019年）	9	25（2020年）	6

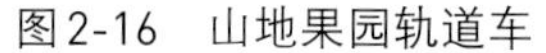
图2-16 山地果园轨道车

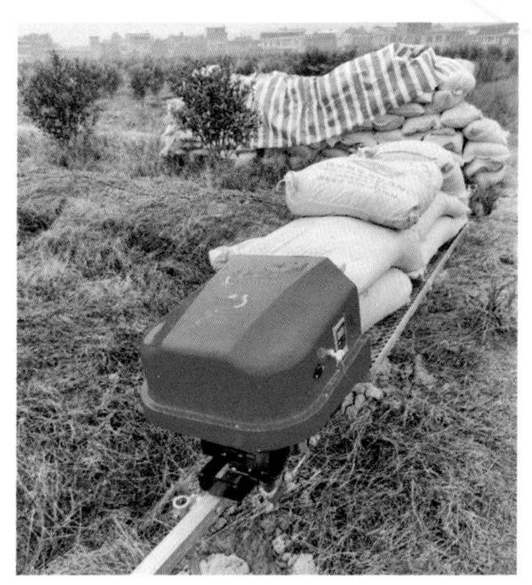
图2-17 田间电动轨道运输机

从表2-1可以看出，安装田间轨道运输机可以显著提高田间运输效率，降低劳动强度，节省人工效果极其显著。

（三）水利设施

为方便灌溉、施肥和喷药，果园内一定要规划水池和药池。原则上，每10～15亩的果园要修建一个水池，容积40～50米^3，用于贮水、沤制水肥；在水池旁边，紧挨水池修建药池1～2个，每个药池容积准确定至1米^3，方便喷药时稀释药液（图2-18）。

图2-18 果园内的水池与药池

灌溉时，无论用明沟灌、暗沟灌，还是喷灌或滴灌，都要考虑到水源。水源有提灌引水及水库、河道、深水井等途径引水。

提水装置和排灌系统，除各区有水泵及提水送水设备以外，要在果园中心地带建立中心控制室，有条件的可以在中心控制室中安装计算机控制灌溉速度、时间及流量，并在有代表性的果园安装中子水分测定装置，测定沃柑的需水时间及需水量。

（四）水肥一体化——滴灌技术

滴灌就是滴水灌溉技术，它是将具有一定压力的水，由滴灌管道系统输送到毛管，然后通过安装在毛管上的滴头、孔口或滴灌带等灌水器，将水以水滴的方式均匀而缓慢地滴入土壤，以满足作物生长需要的灌溉技术，它是一种局部灌水技术。随着水肥一体化技术的兴起和成熟，目前能用作水肥一体化施用的水溶性肥料种类愈来愈多，且效果普遍较好。水肥一体化设备是规模化建园的基础配置。滴灌的优势：①省工：完全突破传统的灌溉模式，一个人即可轻松呵护成百上千亩作物，不论是智能自动化还是半自动化控制，都不过是开开阀门、点下键盘这样简单，劳动强度大幅降低。②省肥：通过滴灌系统，结合当下流行的全溶性水溶肥，轻松实现水肥一体化，将肥料精准施加到作物根部，肥料的利用率高，可节省50%以上的肥料。③省水：改变了传统漫灌浇地而不是浇作物的弊端，根据作物需水特性，实现适时、适量、可控的精准灌溉，避免产生深层渗漏及地面径流，可节水40%～70%。滴灌为局部灌溉，只湿润作物根区，不易产生无效灌溉；采用滴灌技术很容易实施频繁灌溉，很容易控制过量灌溉；很容易实施灌溉自动化，实施智能灌溉、精准灌溉；与喷灌比，不受风的影响，无飘移损失；蒸发损失小。④增产增收：基于滴灌系统的综合效果，可以有效提高作物单位面积的产量，还可以因为上述多种资源的节省而受益。

滴灌系统的核心部件是过滤器和滴头。应根据果园的实际情况选择合适的过滤器和滴头，大型果园可以选择带自动反冲洗的过滤器（图2-19、图2-20），小型果园可以选择简易的过滤器（图2-21）。滴头的选择需要考虑树龄、土质等因素，常用的有内置滴头、外置滴头（图2-22）、微喷（图2-23）、滴键（图2-24）。

图2-19　自动反冲洗过滤器组

图2-21　简易过滤装置

图2-23　微喷（莫贤龙　提供）

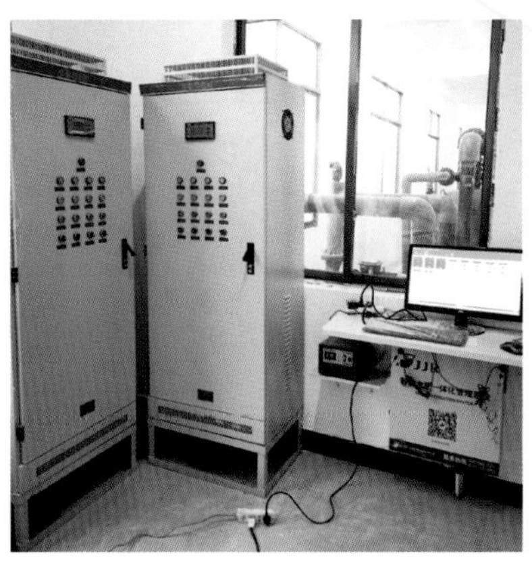

图2-20　滴灌控制系统

图2-22　外置滴头

图2-24　滴　键

（五）喷药系统

喷药是果园日常管理中的一项重要工作，需要耗费大量的劳力和物力。果园建设规划时，要根据果园的面积和管理模式选择合适的喷药系统。10亩以下的零散果园，一般采用移动便捷式喷药机械（图2-25）。规模化果园可以安装固定喷药装置，由配药池、高压喷药机、电动机、压力控制器、空压机和田间管网组成（图2-26、图2-27）；如果考虑用机械化喷药（图2-28、图2-29、图2-30），果园前期规划需要预留机械作业道路。近几年开展了很多无人机喷药试验示范（图2-31），有些果园设计安装了全园自动喷药系统（图2-32）。

图2-25　简易移动喷药机

图2-26　固定喷药装置

图2-27　固定喷药装置田间接口

图2-28　风送式喷雾机

图2-29　机械化喷药机

图2-30　机械化喷药作业

图2-31　无人机喷药

图2-32　全园自动喷药装置

（六）配套建筑物

果园附属建筑物主要有工人住的宿舍，存放工具、农药与肥料的库房，以及简易的果实采后商品化处理如清洗、分级、打蜡、包装等场地。这些建筑物的结构、面积、建设时间可根据资金等具体情况灵活掌握（图2-33）。

图2-33　田间管理房

三、苗木质量与种植

（一）适宜的砧木

砧木选择应当考虑当地的气候和土质，宜选择砧穗愈合良好、丰产优质、抗逆性强、品种纯正、生长健壮、根系完整、无检疫性病虫害的优良品种作砧木。2014—2019年笔者在桂林开展了砧木嫁接沃柑的试验，研究其对沃柑长势与果实品质的影响。选择砧木有酸橘（图2-34）、枳橙（图2-35）、酸柑子（从广东调来在广西阳朔、荔浦大量播种销售的砧木）、红橘（图2-36）、柠檬（图2-37）、枳壳（图2-38）、香橙（图2-39）7个品种。

图2-34　酸橘砧沃柑苗

图2-35　枳橙砧木苗

图2-36　红橘砧沃柑

图2-37　柠檬砧沃柑

图2-38　枳壳砧木苗

图2-39　香橙砧木苗

图2-40　嫁接口不亲和

结果显示：经过5年田间生长，酸柑子砧嫁接接口肿大，剥皮观察有一圈黄环，表现不亲和（图2-40）；酸橘砧嫁接口平滑，无界线；枳橙砧接穗部略大、砧部略小，嫁接口不平滑，界线明显，砧部有浅棱沟；红橘砧接穗部大、砧部小，呈小脚状，嫁接口不平滑，砧部有较明显棱沟；柠檬砧嫁接口平滑，无界线；枳壳砧嫁接口极不平滑，接穗部小、砧部大，极为明显，呈大脚状，砧部棱沟极明显；香橙砧嫁接口平滑，界线较明显，砧部有浅棱沟。除酸柑子砧表现不亲和外，其他砧穗组合均表现亲和良好（表2-2）。

表2-2结果显示，第一、第二、第三年沃柑树冠冠幅生长量及净增长量大的砧穗组合是香橙和枳壳，其次是枳橙、红橘、柠檬和酸橘，酸柑子最小；第四年树冠冠幅生长量及净增长量大的是香橙、红橘、枳橙和枳壳，其次是柠檬和酸橘，红橘在第四年的净增长量最大达50厘米×35厘米，其他增幅较小，有的甚至出

现负增长，原因可能是第三年有些枝条结果较多引起开张或下垂，采果后枝条恢复原位，第四年结果较少，测量冠幅不如上年大；第五年树冠冠幅从大到小排列为枳橙、红橘、香橙、枳壳、柠檬、酸橘。植株的干周、高度、冠幅3个生长量是衡量柑橘树冠结果能力大小的指标，3个指标综合表现良好是结果多产量高的基础，沃柑在7个砧木组合中，干周、高度、冠幅3个生长量指标表现均好的是香橙、枳橙和红橘，其次是枳壳、柠檬和酸橘，植株矮小表现不亲和、植株出现枯死的是酸柑子。

表2-2　不同砧木沃柑植株树冠冠幅生长量

单位：厘米

砧木	第一年	第二年		第三年		第四年		第五年	
	冠幅	冠幅	年净增长	冠幅	年净增长	冠幅	年净增长	冠幅	年净增长
酸橘	41×44	96×105	55×61	146×128	50×23	173×160	27×32	208×183	35×23
枳橙	67×51	126×123	59×72	197×213	71×90	219×202	22×−11	281×233	62×31
酸柑子	27×21	37×43	10×22	—	—	—	—	—	—
红橘	58×52	105×115	47×63	174×182	69×67	224×217	50×35	262×248	38×31
柠檬	46×52	127×88	81×36	188×184	61×96	193×175	5×−9	219×203	26×28
枳壳	79×88	149×142	70×54	201×209	52×67	202×214	1×5	190×242	−12×28
香橙	84×80	155×155	71×75	224×208	69×53	234×211	10×3	269×222	35×11

不同砧木对沃柑结果数量和产量的影响见表2-3。

表2-3统计结果显示，不同砧穗组合结果数量从多到少排列第一年是香橙、枳壳、枳橙、红橘、柠檬、酸橘，第二年是香橙、枳橙、红橘、酸橘、枳壳、柠檬，第三年是枳橙、红橘、香橙、枳壳、柠檬、酸橘。单株产量从高到低排列第一年是香橙、枳壳、枳橙、柠檬、红橘、酸橘，第二年是香橙、红橘、枳橙、酸橘、枳壳、柠檬，第三年是香橙、红橘、枳橙、柠檬、枳壳、酸橘；香橙

3年保持产量第一，枳壳和柠檬产量排位逐年下降。3年平均单株产量从高到低为香橙、红橘、枳橙、枳壳、柠檬、酸橘，香橙产量最高，达21.84千克/株，红橘和枳橙为中等水平，枳壳、柠檬和酸橘为中下至低水平。平均单果重从高到低为香橙、柠檬、红橘、酸橘、枳橙、枳壳，香橙和柠檬单果重较大，达100克以上，其他偏小。

表2-3 不同砧木对沃柑植株结果数量和产量的影响

砧木	第一年结果（三年生树）		第二年结果（四年生树）		第三年结果（五年生树）		3年平均		
	数量（个/株）	产量（千克/株）	数量（个/株）	产量（千克/株）	数量（个/株）	产量（千克/株）	数量（个/株）	产量（千克/株）	单果重（克）
酸橘	16	1.99	155	12.89	1.7	0.20(估算)	57.6	5.03	87.3
枳橙	78	8.6	222	17.93	222.7	17.98	174.2	14.84	85.2
酸柑子	—	—	—	—	—	—			
红橘	56	6.03	209	19.73	208	19.63	157.7	15.13	95.9
柠檬	47	6.07	98	9.46	141.7	13.72	95.6	9.75	102
枳壳	105	11.95	140	10.41	171.7	12.77	138.9	11.71	84.3
香橙	146	16.43	287	28.97	199.3	20.12	210.8	21.84	103.6

沃柑不同砧木组合的植株生长量、产量和果实品质在桂林存在较大差异，酸橘砧长势、产量和果实品质属于中等水平，大小年结果明显；枳壳砧树势中等，结果后长势变弱，结果早，产量中等，果实小，可溶性固形物和酸的含量高；柠檬砧树势中等，结果后长势变弱，结果早，产量中等，果实大，果面着色深，橙红色，可溶性固形物和酸的含量较低；枳橙砧长势旺，产量较高，果实品质较好，果实中等大；红橘砧与枳橙砧表现相似，只是果实较小；香橙砧树势较旺，早结丰产，果实大，可溶性固形物含量较高，酸含量也较高，品质中上。综合性状表现最好的是香橙砧，其次是枳橙砧和红橘砧，表现中等到较差的是枳壳砧、柠檬砧、酸橘砧。

（二）苗木质量

优质苗木应该具备以下条件：砧木嫁接部位离地面5厘米以上，已解除嫁接时捆绑的薄膜，嫁接口愈合良好。主干粗直，高35厘米以上，具2～3条长15厘米以上的分枝，枝叶健全，叶色浓绿有光泽。根系完整，主根长20厘米以上，具2～3条粗壮侧根，须根发达，根颈正直。无病虫害。

（三）种植密度

种植密度一般应考虑砧木、气候、立地条件（土壤、光照、水源、山地或平地等）和栽培技术等因素。

（四）种植时期

以春植和秋植为主，也可在夏初种植。春植在春梢开始萌动前，气温回升至15 ℃时开始；夏植在春梢老熟后的5月上、中旬；秋植于10月至11月初进行。

容器苗定植不受时间限制，一年四季均可种植，但比较而言，还是在春季和秋季种植为好。

（五）苗木种植方法

1.裸根苗的种植 用新鲜黄泥拌成泥浆浆根，然后将种苗定植于种植穴内，根系自然展开，回细土压实，往上轻轻提拉，再盖一层土，围起树盘，淋足定根水，用草覆盖树盘，并经常淋水保持土壤湿润，直至抽出新芽时为止（图2-41、图2-42）。

2.容器苗的种植 定植时轻拍育苗桶四周，将苗木从育苗桶抽出，剪除盘根，放入定植穴内，一只手固定苗木，苗的深度与育苗器中根颈高度一致，另一只手将根四周的细土填回穴内，再灌水，然后将土填满植穴，围起树盘，淋水保湿（图2-43、图2-44）。注意不能用脚踏实土壤。

图2-41　裸根苗

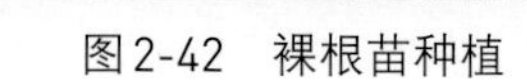
图2-42　裸根苗种植

图2-43　容器苗

图2-44　容器苗种植

第三章 幼龄树管理

幼龄树是指苗木定植后至投产前的树，一般指定植后第一、第二年的树，第三年开始开花结果。

一、土壤管理

（一）中耕除草

沃柑产区大多分布在热带与亚热带的高温多雨地区，果园易生杂草，若除草不及时，则会造成肥料损失，影响树体的生长，不利于根系的生长和活动。所以，应保持树盘内无杂草特别是恶性杂草。在每个季度，应在除草的同时对树盘中耕1～2次，深度10～15厘米，注意不要损伤大根，保持树盘土壤疏松无杂草（图3-1）。在树盘以外，只要不是恶性杂草，则可以保留（图3-2），特别是

图3-1　树盘土壤疏松

在秋冬季节，保留树盘外的杂草既可以保湿，又可以保持土壤温度相对稳定。

图3-2　树盘覆盖，行间留草

（二）深翻改土

柑橘属多年生果树，正常情况下其寿命长达30年以上，种植后固定在一个地方，每年从土壤中吸收大量的营养，虽然可从每次施用的速效肥料中得到补充，但是，只靠施用速效肥料来补充是不够的，因为速效肥料没有改良土壤的作用，有时施用不当还会造成土壤板结，导致土壤结构恶化，不利于根系的活动。因此，必须进行深翻改土，通过挖深沟，施用有机肥，增加土壤有机质，在补充土壤营养的同时，改良土壤结构，使土壤疏松肥沃，为根系生长创造良好的土壤环境条件。可在每年的6月及12月，在树冠一侧外围滴水线附近，挖长×宽×深为（1 ～ 1.5） 米×（0.4 ～ 0.6）米×（0.6 ～ 0.8）米的施肥坑，坑内施入鲜绿肥、杂草、农家肥、堆肥、堆沤蔗泥或土杂肥、饼肥、石灰、钙镁磷肥等，肥料与土拌匀回填，挖坑位置逐年轮换（图3-3）。磷肥的使用：酸性土壤使用钙镁磷，碱性土壤使用过磷酸钙；酸性土壤用石灰调节土壤pH至5.5 ～ 6.5。

图3-3　施肥坑

（三）合理间作

在沃柑结果前，树冠较小，株间行间空地较多，为了解决有机肥的来源问题，可在封行前在行间株间套种各种矮生绿肥，如花生、黄豆、绿豆、豇豆、红花草、三叶草等（图3-4至图3-7），不宜种植甘薯（图3-8）、玉米（图3-9）等需肥量大或生长过高的作物。

图3-4　套种黄豆

图3-5　套种红花草

图3-6　套种萝卜

图3-7　行间套种西瓜

图3-8　果园不宜套种甘薯

图3-9　果园不宜套种玉米

（四）树盘覆盖

在高温多雨的夏季，杂草生长快，如不能及时除草，则果园杂草丛生，影响果园的正常管理和肥料的利用。随着人工成本越来越高，人工除草代价越来越大。为解决这一问题，可以在夏季用杂草或稻草等覆盖树盘（图3-10），覆盖物厚5 ～ 8厘米，离树干距离约5厘米，有利于保湿降温；土质疏松的果园树盘覆盖防草布（图3-11）或者覆盖地膜（图3-12、图3-13），减少或避免杂草。

图3-10　树盘覆草

图3-11　树盘覆盖防草布

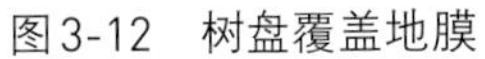

图3-12 树盘覆盖地膜

图3-13 树盘覆盖，行间留草

冬季，对根系外露的树，可在树盘培入3 ~ 5厘米厚的肥沃土壤，以保护根系。

二、肥水管理

（一）施肥原则

土壤施肥以有机肥为主，化肥为辅，以满足树体对各种营养元素的需求。

（二）土壤施肥

土壤施肥常采用浅沟施、深沟施等方法。施追肥时在树冠一侧或两侧树冠滴水线附近挖深20 ~ 40厘米的条沟或环形沟（图3-14），长度视冠幅、施肥量而定。位置逐次轮换。

图3-14 开环形沟施有机肥

1.基肥的施用 基肥，一般叫底肥，是在种植前施用的

肥料。它主要是供给果树整个生长期所需要的养分，为树体生长发育创造良好的土壤条件，同时改良土壤、培肥地力。作基肥施用的肥料大多是迟效性的肥料。充分发酵的厩肥、堆肥、家畜粪、绿肥等是最常用的基肥。化肥中的磷肥和钾肥一般也作基肥施用。化肥中的氨水、液氨、碳酸氢铵，以及钙镁磷肥、磷矿粉等均适宜作基肥施用。

基肥的施用深度通常在耕作层，和耕作土混合施，也可以分层施用。柑橘园的基肥除了在种植前施用外，更主要的还是在果园改良土壤过程中施用，一般是在夏季、冬季或早春季节施用，其施用方法有：

（1）坑施　在树冠滴水线附近，挖深40 ~ 60厘米、宽50 ~ 60厘米、长100 ~ 150厘米的长方形坑，将基肥与土回填入沟内（图3-15）。坑施一般用于幼龄果园和种植密度较小的成年果园。

（2）通沟施　沿果树行向，在树冠滴水线附近开挖与行同长、深40 ~ 60厘米、宽50 ~ 60厘米的通沟一条，沟内施入基肥（图3-16）。

图3-15　坑施有机肥

图3-16　开沟施有机肥

2.追肥的施用 追肥是指在柑橘生长过程中加施的速效性肥料。追肥的作用主要是为了供应柑橘抽梢、开花、坐果、果实膨大、成熟等不同生长发育时期对养分的需要，或者补充基肥量的不足。生产上通常是基肥和追肥结合施用。追肥的施用方法主要有：

（1）*浅沟施或撒施* 在树冠滴水线附近，挖深20厘米、宽30厘米、长100 ~ 150厘米的条沟或环形沟，将追肥施入沟内后盖土。浅沟施一般适用于干性肥料。速溶性肥料可以根据天气情况，在大雨后或者小雨时进行撒施，注意肥料要撒开，不能撒到树叶上，避免引起烧根烧叶（图3-17、图3-18）。

图3-17 撒肥集中引起烧根

图3-18 撒尿素引起烧叶

（2）*淋施* 在树盘松土的基础上，将粪水、沼液、麸水等速效性液肥直接淋施在树盘土壤上；或按浅沟施的开沟方法开好沟后，将液肥淋施到沟内，施后不盖土，可反复多次施用，适用于液肥如沼液或腐熟的粪水、麸水及尿素、复合肥等既溶于水又不容易挥发的肥料的施用（图3-19）。

（3）*滴灌* 将水溶性的化肥按一定的浓度溶入水池后，通过滴灌系统将水和肥料滴到树盘土壤上。这种施用方法省工省料，肥料利用率较高（图3-20）。

图3-19　淋施水肥

图3-20　滴灌施水肥（莫贤龙　提供）

（三）叶面施肥

1.叶面施肥的作用　叶面施肥通常作为追肥施用，可及时补充树体急需的营养元素，因此，应用普遍，效果也很好。特别是在每次梢转绿老熟期喷施，对新梢转绿老熟具有良好的促进作用。可根据物候期，将速效性肥料按使用倍数对水后均匀喷雾到叶片上，及时补充树体所缺乏的营养。

2.叶面施肥的种类与浓度　具体用的叶面肥料种类、使用时期及其浓度见表3-1。

表3-1　常用叶面肥料种类、使用浓度及时期

种 类	使用浓度（%）	使用时期	种 类	使用浓度（%）	使用时期
尿 素	0.2 ~ 0.3	新梢转绿期	硫酸锰	0.1 ~ 0.2	新梢转绿期
磷酸二氢钾	0.2 ~ 0.3	新梢转绿期	硫酸亚铁	0.2	新梢转绿期
三元复合肥	0.3 ~ 0.5	蕾期、新梢转绿期	柠檬酸铁	0.05 ~ 0.1	新梢转绿期
硫酸镁	0.1 ~ 0.2	新梢转绿期	硼砂	0.1 ~ 0.2	蕾期、花期
硫酸锌	0.1 ~ 0.2	新梢转绿期	硼酸	0.1 ~ 0.2	蕾期、花期
硫酸钾	0.5 ~ 1.0	新梢转绿期	沼液	10 ~ 30	新梢转绿期

3.叶面肥的使用时期与方法 一般情况下，叶面肥在一年四季都可以使用，但在生产实践中主要还是在春梢、夏梢、秋梢或晚秋梢叶片展叶至转绿期使用居多。叶面肥既可以单一使用，也可以2～3种混合使用。具体是单一还是混合使用，主要取决于叶面肥所含的养分种类及使用的目的。如，为了促进新梢尽快转绿老熟，既可以单独使用三元复合肥或沼液，也可以用尿素+磷酸二氢钾、尿素+磷酸二氢钾+硫酸镁、尿素+磷酸二氢钾+硼砂或硼酸等。此外，也可以直接使用市面上销售的含有多种营养元素的商品叶面肥。

（四）水分管理

1.灌溉 果园灌溉用水，应确保无污染。在干旱的季节，根据叶片缺水情况及时进行灌溉，防止叶片萎蔫、卷叶、落叶（图3-21）。

图3-21 干旱引起叶片卷曲

2.排水 在多雨季节或地下水位高的果园，应及时疏通排灌系统，排除积水，以防积水泡根，导致烂根，诱发流胶病、根腐病，影响树体正常生长。积水容易出现叶片黄化、树势衰弱、产量和果实品质下降，甚至树体死亡的严重后果。因此，在水田、洼地、排水不畅的土地上种植时，可采用高畦种植（图3-22）或开深沟排除积水（图3-23）。

图3-22 水田起高畦种植

图3-23 开深沟种植

三、树冠管理

（一）适宜的树形

实践证明，沃柑的树形一般采用下面两种较适宜：

1.自然圆头形 干高35 ～ 40厘米，有明显主干，主枝2 ～ 3个，主枝分布较均匀，呈放射状，主枝上配置副主枝2 ～ 3个（图3-24）。这种树形分枝多，生长量较大，容易形成树冠，树形开张，幼年树容易结果，果实分布均匀。随着树龄的增长，树冠内膛容易荫蔽，导致枯枝、弱枝、病虫枝多，光照不足，如不注重修剪容易出现内膛空、平面结果现象。

2.自然开心形 干高40 ～ 50厘米，有明显主干，主枝2 ～ 4个，主枝上留侧枝3个左右，主枝、侧枝分布错落有致（图3-25）。这种树形有主干，树冠较高，主枝和侧枝较少，修剪时有意识地少短剪，尽量保留长枝条，促使树形开张，同时将树冠叶幕层剪

图3-24　自然圆头形树形

图3-25　自然开心形树形

成错落有致的波浪状，以利于通风和光照，内膛光照条件较好，枯枝、病虫害少。

（二）整形修剪

1.整形修剪的方法　采用的整形修剪方法主要有除萌、摘心、抹芽控梢、短剪（短截）、疏剪。

（1）除萌　将砧木上萌发的嫩梢抹掉（图3-26、图3-27）。

图3-26　砧木上萌发的嫩梢

图3-27　除　萌

（2）摘心　在新梢自剪前将嫩梢顶芽摘掉，防止新梢过长，促进新梢转绿、老熟（图3-28）。

（3）抹芽控梢　在统一放梢前，将提前、零星抽出的嫩梢及时抹掉，待60%以上的新梢萌发时再统一放梢（图3-29、图3-30）。

图3-28　摘　心

图3-29　抹　芽

（4）短剪（短截）　在统一放梢前10 ~ 15天，将过长的基枝留30 ~ 40厘米长进行短剪，促进基枝抽发健壮新梢（图3-31）。

图3-30　统一放梢

图3-31　短　剪

（5）疏剪　在嫩梢抽出后，将过多、过密的弱小嫩梢人工疏掉，以使留下的嫩梢生长健壮（图3-32、图3-33）。

图3-32　疏剪前

图3-33　疏剪后

2. 一年生幼树的修剪

（1）修剪的目的　定植第一年，根系恢复生长慢，幼树抽梢能力弱，往往春梢、夏梢和秋梢抽发不整齐、抽得弱，有时当年只抽夏梢和秋梢。所以，当年修剪的目的主要是定好主干、留好主枝和副主枝，为第二年树形的形成打好基础。

（2）修剪要领　一年生树的春、夏、秋梢的修剪以轻剪为主。在春季定植时或定植后，要及时因树修剪。

首先，对无分枝的单干苗，可在离地面约40厘米高处剪顶，待春梢抽出后，选留健壮、分枝角度及位置合理的2 ～ 3条春梢作主枝，多余的春梢抹掉。

其次，在春梢老熟后、放夏梢前10天左右，要及时抹芽控梢，将春梢上抽出的单个夏芽及时抹掉，促其抽出2 ～ 3条以上的夏梢作副主枝，多余的抹掉。

第三，在夏梢老熟后、放秋梢前10 ～ 15天，将过长的夏梢留约30厘米短剪。秋梢抽出后只留2 ～ 3条健壮枝，多余的秋梢疏剪掉。

对具有2～4条或以上分枝的优质苗木，不需重新定干，只须在春梢、夏梢和秋梢抽出后，按照健壮枝留嫩梢2～3条、弱枝留1～2条的标准留梢，多余的嫩梢及时抹掉。

3.二年生幼树的修剪

（1）修剪的目的　种植第二年，根系已完全恢复，当年的各次新梢往往抽发较整齐、数量也较多。修剪的目的主要是促使树冠早日形成，为早结果奠定良好的基础。因此，这时的修剪任务主要是促发新梢、确保新梢多而健壮，及时摘掉花蕾。

（2）修剪要领　二年生树的修剪仍以轻剪为主。

首先，在春梢抽出后，选留健壮的春梢2～3条，多余的春梢抹掉。树势健壮的树，不仅春梢数量较多，而且春梢也较长，特别是没有花蕾的幼树更明显。因此，对健壮树的春梢，不仅要及时疏剪掉过多的嫩梢，在嫩梢自剪前还要将过长的嫩梢进行摘心或短剪。

其次，二年生树一般会开花，但因树冠太小，故宜在现蕾期将花蕾摘掉，以免消耗养分，影响春梢生长，导致春梢偏弱，树冠扩大慢。

第三，在春梢老熟后、放夏梢前10天左右，及时抹芽控梢，将春梢上抽出的零星、单个夏梢及时抹掉，待60%以上的夏梢萌芽时再统一放梢，以促使大部分的春梢都能抽出2～3条夏梢，夏梢抽出后，多于2～3条的夏梢要及时抹掉。

第四，在夏梢老熟后、放秋梢前10～15天，将过长的夏梢留约30厘米进行短剪。二年生树的秋梢往往抽发较整齐，所以，一般不需抹芽控梢。秋梢抽出后，每条夏梢上留秋梢2～3条，多余的秋梢要及时抹掉。

同时，为了保证秋梢健壮、正常转绿老熟，顺利进行花芽分化，为三年生树的开花结果奠定基础，放秋梢的时间不能过迟。在桂北地区，一般在7月底、8月初开始统一放秋梢。

第五，秋梢老熟后，若冬季温度较高，往往容易抽出冬梢，影响花芽分化。因此，要及时将冬梢抹掉。

第四章 结果树管理

沃柑定植后第五年亩产可达3 000 ～ 5 000千克。要获得高产优质，除了高标准建园、加强病虫害防治以外，田间管理措施特别是树冠管理技术是否科学、合理，是否及时、到位，就成为沃柑能否持续获得高产高效极其重要的因素。因此，必须加强对结果树的管理，通过合理的修剪及肥水管理培养通风透光良好、结果母枝多而健壮的丰产树形，通过保花保果技术的应用达到连年丰产、稳产、优质、高效的目的。

一、树冠管理

（一）培养优良的结果母枝

沃柑主要以秋梢和春梢为结果母枝（图4-1）。因此，结果母枝的数量和质量关系到翌年的产量和质量。生产上，根据树龄、树势及挂果量培养优良的结果母枝。一般要求青年结果树培养结果母枝100 ～ 200条、长度25 ～ 35厘米；成年结果树和老年结果树培养结果母枝200 ～ 300条、长度20 ～ 30厘米。枝梢叶片浓绿、健壮充实、无病虫害。

图4-1　沃柑秋梢

（二）适时放梢，培养健壮秋梢

放秋梢时间要根据树龄、树势、结果量、立地条件和气候条件来决定。秋梢为沃柑的主要结果母枝，如放梢太迟，枝梢不充实，则影响花芽分化与结果；放梢过早容易促发冬梢，影响翌年的花量。在桂林地区，结果多、树势弱、山地缺水的果园，放秋梢的时间适宜在大暑至立秋前；对结果少、树势旺盛、水田栽培或灌溉条件好的果园，则可在立秋后至处暑前放秋梢。

（三）合理修剪

1.初结果树的修剪　初结果树的营养生长仍较旺盛，其树冠仍需要继续扩大，在修剪上要以轻剪为主，采取“抹除夏梢、培养秋梢、抑制冬梢”来平衡营养生长和生殖生长的关系。同时，通过整形修剪培养早结、丰产、稳产的树形，逐年提高产量。

（1）*春季修剪*　沃柑初结果树春梢、夏梢量多而旺盛，往往春梢老熟后，早夏梢大量萌发而容易大量落果。因此，第一，要调控春梢，调控春梢主要是通过疏除过多的无花春梢和徒长枝，剪除生长旺盛难于坐果的树冠顶部的春梢；第二，当早夏梢抽出2 ～ 3厘米长时及时抹除，每7 ～ 10天抹1次，直到立秋或处暑前后再统一放梢。抹梢要按照“去零留整、去早留齐、去少留多”的原则，通过抹芽控梢、摘心打顶削弱营养生长、平衡生殖生长，确保坐果。在春梢、夏梢和秋梢生长期间，树冠顶部的部分健壮的基枝容易抽生过多的嫩梢，导致丛状枝、扫把枝（图4-2）的出现。因此，在新梢刚抽出2 ～ 3厘米长时，可按照“去弱留强、去密留稀、留芽2 ～ 3条”的原则（图4-3），将过弱、过密、过多的嫩梢疏掉，以免新梢数量过多造成树冠过密、枝梢过弱。

图4-2　扫把枝

图4-3　扫把枝疏剪后

（2）*放晚夏梢扩大树冠*　初结果树可以有一定的产量，同时要考虑继续扩大树冠。初结果树可以利用晚夏梢来扩大树冠（图4-4），沃柑果实种子合点紫色环显现时（图4-5）表示第二次生理落果结束，此时，幼果横径为2.3cm左右，桂林地区一般在6月下

图4-4　初结果树留晚夏梢

图4-5　沃柑种子合点紫色环

旬，可以选择留晚夏梢。不同年份紫色环显现的时间不同，尤其是春夏雨水多、光照少的年份，幼果生长受影响，时间推后。

图4-6　酸橘砧沃柑11月环割促花

（3）适时放秋梢　初结果树放梢时间应根据树龄、树势、结果量来决定，原则是：结果多、树势弱的可早放梢；结果少、树势旺盛的可迟放梢。因此，要根据本地的气候条件和立地情况灵活掌握放梢时间。酸橘砧沃柑同时要配合栽培管理进行断根控水，抑制冬梢萌发和环割促进花芽分化，增加翌年花量（图4-6）。

2.盛果期树的修剪 沃柑盛果期以后，营养生长与生殖生长达到相对平衡，也是结果量和果实品质表现最佳的时期。随着树冠逐年扩大，树冠内枝条密集变细变弱，出现干枯枝，尤其是果园封行后，树冠相互交叉郁蔽，通风透光性能差（图4-7），容易出现平面结果，果实变小，品质变劣，产量逐年下降，果园管理困难。此时，要通过疏剪或短剪，改善树冠通风透光条件，更新枝组，提高内膛结果能力，实现立体结果，达到延长结果年限的目的。盛果期的修剪应抓好以下3点：

图4-7 树冠郁蔽，通风透光性能差

（1）采果后修剪 一般在1月至4月于采果后进行。第一，剪除树冠中上部的交叉枝、重叠枝、枯枝、扫把枝、病虫枝（图4-8、图4-9、图4-10），疏剪或短剪徒长枝（图4-11、图4-12）；第二，短剪树冠中上部外围的结果枝、衰弱枝，对树冠内膛的多年生衰弱的交叉大枝，有空间的可剪留长6～10厘米、直径为0.8～1.2厘米的基枝，以促发新梢，更新树冠内膛及中下部结果枝组；第三，对树冠内膛枝要尽量保留，重点剪去病虫枝、枯枝，短剪徒长枝、弱枝促发新梢；第四，

图4-8 剪除扫把枝

图4-9　剪除交叉枝

图4-10　剪除重叠枝

图4-11　短剪徒长枝

图4-12　短剪徒长枝后萌发大量枝梢

对树冠中下部及内膛的一些衰弱结果枝、结果母枝，可在采果时实行“一果两剪”将其全部剪去，以减少养分消耗。

（2）夏季修剪　夏季修剪的目的，主要是促使树冠抽发健壮的秋梢结果母枝。夏剪一般在放秋梢前15 ～ 20天进行。修剪方法以短剪为主、疏剪为辅。第一，对冬春季来不及修剪的树要采取疏剪和短剪相结合的修剪方法，对树冠中上部外围的徒长枝进行短剪，将交叉枝、重叠枝、丛状枝进行适当的疏剪，同时短剪树冠中上部外围直径在0.5 ～ 1.0厘米的营养枝（图4-13），促其抽出健壮的秋梢；第二，短剪树冠内膛和中下部的长结果枝、落花落果枝、衰弱枝，以更新结果枝组，对树势较弱的树，应进行重剪，促进新梢萌发，恢复树势；第三，对丰产树树冠外围较密的骨干枝、分枝要适当疏剪一部分，适当短剪或疏剪二至三年生的直立、交叉大枝，使树冠形成凹凸的波浪形，以利于改善树冠光照通风条件，提高树冠内膛的结果能力。同时，对树冠内部和下部过多的细弱枝应疏掉，以减少养分消耗。

图4-13　短剪树冠中上部外围营养枝

（3）分层放梢　树冠中、下部及内膛放晚夏梢，6月下旬至7月上旬，回缩当年落花落果枝，强枝留叶6 ～ 7片，弱枝留叶4 ～ 5片；内膛弱枝留桩长3 ～ 6厘米，剪除重叠枝、交叉枝；结果过多的树，剪除树冠外围部分单生果实，促发新梢。

在7月下旬，对树冠上部落花落果枝、粗壮枝和光秃枝进行短剪；结果过多的树，疏剪部分树冠外围顶生单果，减缓梢果矛盾，促发新梢。强枝留叶6 ～ 7片，弱枝留叶4 ～ 5片。

3.封行树的修剪 果园封行后，由于通风透光差，容易造成树冠荫蔽，内膛枯枝、病虫枝多（图4-14），2～3年内就会出现内膛空虚，由立体结果逐步转为平面结果，产量不断下降，品质变劣。为此，修剪方面应采取：一是在采果后进行隔株间伐，改善通风透光条件；二是在每年的冬季、夏季修剪时对株行间无果的交叉大枝、枝组进行适当的回缩修剪或疏剪，保持株间、行间能通风透光（图4-15、图4-16）；三是在夏季、冬季修剪时在树冠中上部的不同部位选

图4-14　树冠荫蔽，病虫枝多

图4-15　行间交叉

图4-16　行间交叉树回缩修剪后效果

择10 ～ 20条直径在0.5 ～ 2厘米的落花落果枝组、直立枝、丛状枝、交叉枝进行疏剪，使树冠表面形成凹凸的波浪树形，俗称“开天窗”（图4-17）。也可在树冠一侧或两侧，锯掉1 ～ 2条直径2 ～ 4厘米的大枝，俗称“开门”修剪，使该侧留出足够的空间用于通风透光，改善通透条件，逐步恢复立体结果，提高产量（图4-18）。

图4-17 “开天窗”修剪

图4-18 “开门”修剪

4.衰弱树的修剪 进入盛果期6 ～ 8年后，随着树龄的增长，如果栽培管理不当，容易造成早衰，树势衰弱，产量下降，果实品质变劣。其成因主要有：一是果园土壤条件差，土壤改良措施不到位，粗种粗管，树冠外围的新梢短小、细弱，叶片薄、无光泽，内膛无叶枝、干枯枝多，树势差挂果量少；二是由于密植果园郁蔽，株行间枝条交叉，植株枝梢向上生长，树冠内膛通风透光差，病虫枝、干枯枝多，形成平面结果，产量逐年下降。针对

这种情况，修剪上应采取回缩修剪为主，同时加强土壤改良和肥水管理，以尽快恢复树势。

（1）回缩修剪方法

①主枝更新：主要针对衰退程度较重或衰退程度轻但已封行多年、大枝过多、上强下弱、外强中空的树而言。修剪时将离地面高80 ~ 100厘米处的3 ~ 5级骨干枝进行回缩（图4-19），促使主枝重新抽发新梢，主枝更新要经2 ~ 3年后才能恢复形成新树冠开花结果。主枝更新时要做好枝干处理部位的保护，可用塑料薄膜包裹枝干锯口，防日灼、淋雨霉变。新梢抽发时再将薄膜捅破，以便新梢顺利抽出。

图4-19　主枝更新

②露骨更新：主要针对树冠密闭、果园已封行的树，宜进行中度回缩修剪，即在树冠中上部或外围，短截径粗2 ~ 3厘米的枝条，保留剪口下的侧枝和树冠内部的小枝，使树冠呈凹凸状（开天窗）。这样的修剪方法快、效果好，当年可恢复树冠，第二年可有一定的产量。同时，要加强栽培管理，通过摘心、抹梢，促使夏、秋梢老熟，为翌年结果作好准备。

③轮换更新：主要针对衰弱程度较轻且仍能适量挂果的树，或无花无果、树冠结构好、果园未封行的树。宜在采果后、春梢萌发前进行轻度的回缩修剪，短截结果母枝，只留基部数张叶片。轮换更新一般在2 ~ 3年内分批完成，逐年轮换短截。对已衰弱的枝组，可重短截二至三年生的大枝，促发新梢。

（2）修剪时间　回缩修剪最适宜在采果后的春季进行，夏、秋季进行亦可。春、夏季气温较高，回缩修剪后恢复快，冬季进行常因低温霜冻造成剪口冻伤，所以冬季低温的产区不宜在冬季进行（冬季温暖的产区除外）。因此，中度回缩和重回缩修剪宜在春、夏季进行。夏、秋季重回缩修剪，需用遮阳网覆盖树冠，以防晒伤。对严重衰退的树，要在回缩修剪前加强肥水管理，待树势、枝梢适当恢复后再进行。开春后，回缩修剪后的主枝和骨干枝会抽发大量的春梢，要做好疏梢保梢工作，避免出现扫把枝。

5.大小年树的修剪 沃柑进入结果期后容易出现大小年结果现象，如不及时矫正，会导致大小年产量差异越来越大，严重影响生产。

（1）大年树修剪 由于上一年是小年，挂果量少，秋梢多，树体营养积累丰富，大年时形成花芽、开花的结果母枝多，可在采果后至开花前进行修剪，疏剪弱结果母枝，短截强结果母枝，春梢萌发后花蕾露白时，疏剪过密春梢，短截花量过大的长秋梢（图4-20），以减少开花量，减少养分消耗，促进营养生长。第二次生理落果后，分期进行疏果，对结果过多的树，结合夏季修剪，疏果促梢，合理挂果，提高中果比例。适宜的叶果比：柳州以南（30～35）：1，柳州以北（35～40）：1。适当提前修剪放秋梢，加强肥水管理，增加小年的结果母枝。

（2）小年树修剪 上年结果多，秋梢少的树，尽量保留结果母枝，最好在现蕾后进行修剪。第二次生理落果后进行夏季修剪，疏去无果的内膛弱枝，使树体通风透光。适当推迟修剪放秋梢，以免抽发冬梢。

图4-20 短截花量过大的长秋梢

二、施肥

沃柑产量高，对肥水的要求较高。如果肥水管理跟不上，就容易造成树体营养失调，使树势衰退，产量下降，容易出现大小年。因此，应因地制宜，合理施肥。

（一）土壤施肥

土壤施肥要根据树龄、树势、产量、季节、天气、土壤等不同情况进行，才能最大限度地发挥肥料的效用，确保丰产、稳产、优质。原则上采取追肥、化肥浅施，基肥、有机肥深施。

（1）*深翻改土，增施有机肥* 每年采果后或夏季的6～7月，沿树冠滴水线下挖长80～100厘米，宽、深各40～50厘米的长方形坑，施肥量约占全年的40%左右，肥料以有机肥为主，配合商品肥。以单株结果50千克的产量计算，每株施入腐熟绿肥、杂草、农家肥等有机肥20～30千克、复合肥1.0～1.5千克、磷肥1.0千克、花生麸1～2千克，肥料与土壤要尽量拌匀施下，避免肥料过于集中造成伤根。深施重肥的位置需逐年轮换，保证土壤疏松肥沃，树体有足够的养分，为丰产、稳产、优质打下基础。

（2）*萌芽促花肥* 沃柑生长、开花结果周期长，生长量大，花果同期，消耗养分多，而土壤养分有限，所以应及时通过追施肥料补充营养。可在春梢萌芽前10～15天，在树冠滴水线附近开深10～15厘米的环形沟，每株施入0.5～1.0千克复合肥，加腐熟的麸水或沼液30～40千克，施后覆土。

（3）*稳果肥* 春梢生长、开花坐果与幼果发育使树体养分大量消耗，而且新梢生长与花果之间还相互争夺养分导致落花落果。因此，要及时施稳果肥以减少落花落果，促进新梢转绿，提高坐果率。可在谢花2/3左右时，开浅沟每株施入复合肥0.5千克、硫酸钾0.2千克，加施腐熟猪牛栏粪水或沼液30千克。

（4）壮果促梢肥　在秋梢抽发前10 ~ 15天，沿树冠滴水线附近挖10 ~ 15厘米浅沟，每株施入复合肥0.5 ~ 1.0千克、腐熟花生麸3 ~ 5千克。此次施肥最好同时加腐熟花生麸水30 ~ 40千克，目的是保证树体有足够的养分，促进果实膨大和秋梢抽发，为翌年开花结果创造条件。

（二）叶面施肥

大部分叶面肥可与农药混合使用，可减少劳力、节约开支，但混用时要查清农药及叶面肥使用的注意事项，以免降低药效和肥效。叶面肥的使用最适宜在新梢期和幼果期进行，并在阴天或下午3时以后喷洒效果更好，具体的叶面肥种类、使用时期与浓度详见第三章表3-1。

三、水分管理

在年生长周期中，水分是沃柑生长发育不可缺少的重要条件，俗话说：收多收少在于肥，有收无收在于水。缺水会使植株萎蔫枯死，而土壤水分过多或湿度过大，则会造成烂根或发病落叶，从而导致植株衰退甚至死亡。因此，加强水分管理，对沃柑早结果、丰产、稳产、优质具有重要的意义。

（一）合理灌水

在生产上，如果阴天叶片出现轻微萎蔫症状或在高温干旱天气条件下卷曲的叶片在傍晚不能及时恢复正常，就要及时淋水，保证树体正常生长发育对水分的需要。沃柑在春梢萌动期及开花期（2 ~ 4月）、果实膨大期（5 ~ 10月）对土壤湿度十分敏感。当土壤含水量沙土＜5%、壤土＜15%、黏土＜20%时，就要及时淋水。在秋、冬季节常利用果园生草及树盘覆盖保持土壤湿润。

（二）适时控水

沃柑在秋、冬季及秋梢老熟后要适当控水，一是防止水分过多，不利于花芽分化；二是抑制抽发晚秋梢和冬梢，使树体更好地积累养分；三是为了提高果实的含糖量，增进果实的风味，同时提高果实耐贮性。在果实采收前一个月内也要适当控制水分，保持土壤适当干旱。果实采收前的10～15天需完全停止灌水，以降低土壤含水量，提高果实品质。

（三）防旱排涝

长期干旱会使土壤水分大量减少，导致沃柑植株缺水，叶片褪绿、卷缩，果实生长发育停止，严重时引起落叶、落果、枝叶干枯等，甚至出现植株死亡现象。同样，沃柑受涝时间过长或果园低洼长期浸水，植株容易发生根系腐烂、叶片黄化、枯枝等。因此，旱季要注意防旱，雨季注意防涝。主要措施有：第一，建园时搞好果园供水、排水系统，做到能灌能排；第二，改良土壤，每年通过深翻压绿肥，增加土壤肥力，改善土壤团粒结构，提高抗旱性，使土壤水分能排能蓄；第三，在干旱前和大雨过后，及时中耕松土，使空气进入土壤孔隙，可降低土温，减少水分蒸发；第四，在树盘覆盖稻草、杂草或反光薄膜，减少水分蒸发，降低土壤温度；第五，果园生草栽培，除树盘杂草要铲除外，株间、行间非恶性杂草宜保留，或人工种植白花草等（图4-21、图4-22）。

图4-21　果园生草栽培（三叶草）

图4-22　果园留草栽培

四、保花保果

（一）落花落果规律

2016—2017年，笔者在桂林地区于花蕾露白前，分别选择3株树势和花量适中的树进行调察，在树冠下铺两层40目防虫网，每天收集落蕾、落花和落果，观察落花落果动态，分别统计花蕾、花及第一次、第二次生理落果的数量；稳果后，统计单株坐果数。以落花、落蕾、第一次生理落果和第二次生理落果及最终坐果的数量之和作为总花量，分别计算落蕾、落花和落果率（图4-23至图4-26）。

落花落果调查结果及分析见图4-27至图4-30、表4-1至表4-3。

图4-23 落 蕾

图4-24 落 花

图4-25 第一次生理落果

图4-26 第二次生理落果

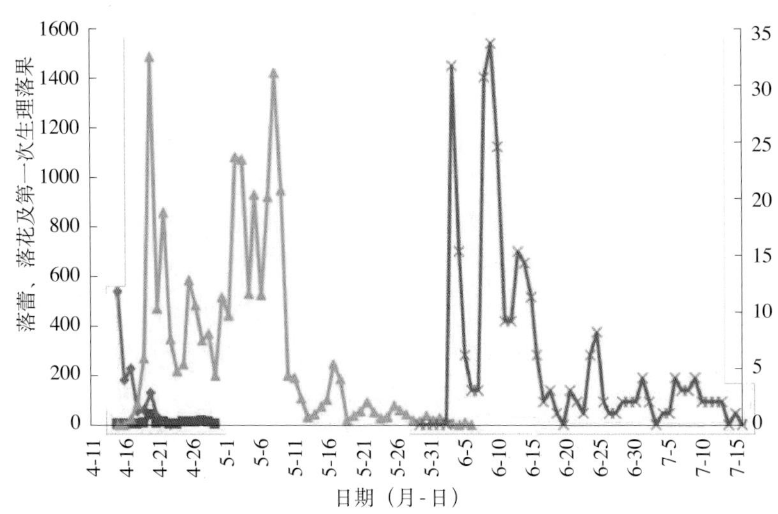

图4-27 2016年（枳壳+晚熟脐橙+沃柑）落花落果动态

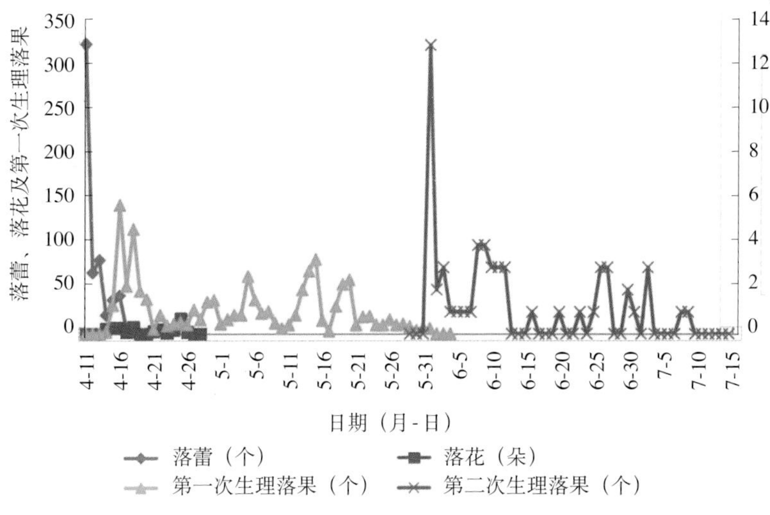

图4-28　2016年（枳橙+晚熟脐橙+沃柑）落花落果动态

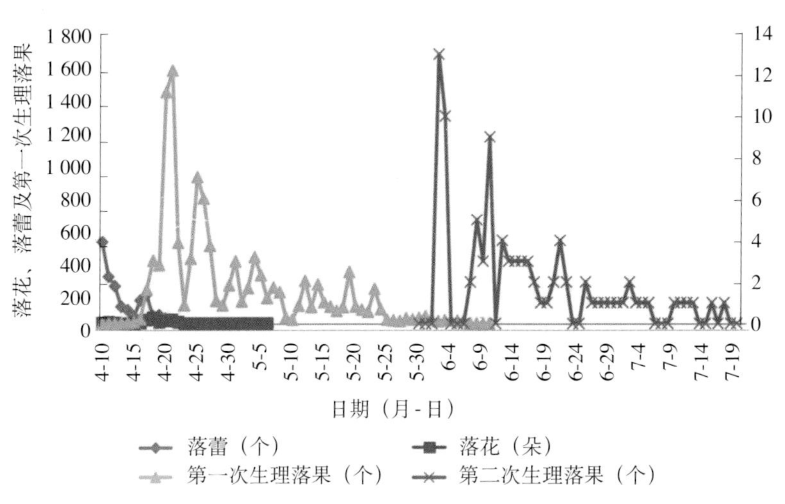

图4-29　2017年（枳壳+晚熟脐橙+沃柑）落花落果动态

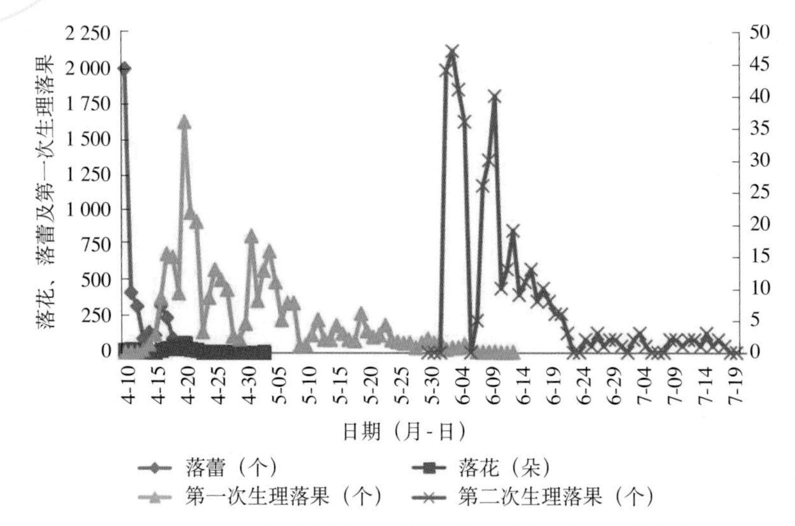

图4-30　2017年（枳橙+晚熟脐橙+沃柑）落花落果动态

表4-1　不同年份、不同砧穗组合沃柑落蕾率、落花率及落果率

砧穗组合	年份	成花总量（个）	落蕾		落花		第一次生理落果		第二次生理落果	
			数量（个）	落蕾率（%）	数量（个）	落花率（%）	数量（个）	落果率（%）	数量（个）	落果率（%）
枳壳+晚熟脐橙+沃柑	2016	17 848	1 209	6.78	109	0.61	15 826	88.67	275	1.54
	2017	14 957	1 743	11.65	174	1.16	12 121	81.04	89	0.60
枳橙+晚熟脐橙+沃柑	2016	2 336	588	25.17	63	2.70	744	31.85	708	30.31
	2017	20 238	3 912	19.33	301	1.49	15 056	74.39	420	2.08

表4-2　沃柑挂果与各相关指标的相关矩阵

	成花总量	落花率	落蕾率	第一次生理落果率	第二次生理落果率	最终坐果数
成花总量	1					
落花率	−0.669	1				
落蕾率	−0.647	1.000**	1			

（续）

	成花总量	落花率	落蕾率	第一次生理落果率	第二次生理落果率	最终坐果数
第一次生理落果率	0.970*	−0.797	−0.78	1		
第二次生理落果	0.973*	−0.717	−0.697	0.933*	1	
最终坐果数	0.581	−0.508	−0.501	0.705	0.411	1

*表示显著相关（$P<0.05$），**表示极显著相关（$P<0.01$）

表4-3　不同年份沃柑生理落果期间主要气象因素比较

年份	月份	天气情况			
		雨天（天）	阴天（天）	晴天（天）	气温≥35℃（天）
2016	4（4月11日起）	14	3	3	0
	5	14	2	15	0
	6	9	21	0	16
	7（7月18日止）	7	0	11	10
	合计	44	26	29	26
2017	4（4月10日起）	9	3	9	0
	5	15	3	13	0
	6	28	2	0	0
	7（7月19日止）	15	2	2	0
	合计	67	10	24	0

结果显示（图4-27至图4-30），沃柑的落花落蕾开始时间及历时时间因年份而异，2016年，4月中旬初开始，4月下旬结束；2017年，4月上旬末开始，5月初结束。2016年和2017年，沃柑第一次、第二次生理落果开始时间基本相同，第一次生理落果均为4月13日，第二次生理落果，2016年为6月1日，2017年为6月2日。第一次、第二次生理落果出现高峰时间、结束时间和历时存在差异，其中2016年，第一次生理落果4月13日开始，4月16日达到

高峰，6月3日结束，历时51天，第二次生理落果6月1日开始，6月7日达到高峰，7月15日结束，历时45天；2017年，第一次生理落果4月13日开始，4月21日达到高峰，6月14日结束，历时61天，第二次生理落果6月2日开始，6月10日达到高峰，7月19日结束，历时47天。

各时期生理落蕾、落花、落果率排序（表4-1）：第一次生理落果＞落蕾＞第二次生理落果＞落花。第一次生理落果率所占比例最大，两年均超过60%，第二次生理落果率较低，基本上在2.0%左右。落蕾量较落花量大。不同年份、不同砧穗组合沃柑各时期生理落蕾落花落果率不同：2016年，“枳壳+晚熟脐橙+沃柑”落蕾、落花和第一次、第二次生理落果率分别为6.78%、0.61%、88.67%和1.54%，“枳橙+晚熟脐橙+沃柑”分别为25.17%、2.70%、31.85%和30.31%；2017年，“枳壳+晚熟脐橙+沃柑”落蕾、落花和第一次、第二次生理落果率分别为11.65%、1.16%、81.04%和0.60%，“枳橙+晚熟脐橙+沃柑”分别为19.33%、1.49%、76.39%和2.08%。引起柑橘落花落果的因素很多，花器发育不正常或受精不良，畸形花蕾、花多，造成前期落蕾、落花多，后期幼果脱落多。沃柑的生理落果率与日照时数呈负相关，光照足，生理落果率低，反之则增大。

不同年份、不同砧穗组合坐果率不同，“枳壳+晚熟脐橙+沃柑”2016年和2017年两年平均坐果率为3.98%，“枳橙+晚熟脐橙+沃柑”2016年和2017年两年平均坐果率为6.34%，属于柑橘较高坐果水平。

（二）保花保果技术

影响沃柑落花落果的原因很多，如长期低温阴雨、缺乏光照、高温、栽培管理措施不当、树势衰弱、养分供应不足、树势生长过旺、砧木不当、新梢过多与花果争夺养分、病虫严重危害等都会导致落花落果。因此，如何把保花保果各项技术措施及时做好非常重要。主要的保花保果技术有：

1.花前施肥 主要作用是壮蕾、壮花及提高花的质量，提高坐果率。沃柑从花芽分化开始到新梢萌芽至开花结果，树体消耗了大量的营养。沃柑留树挂果时间长，更要及时补充足够的养分，才能保证树体正常生长和开花结果。因此，在采果后，沿树冠滴水线附近开环形沟施1次花前肥（肥料种类与用量详见施肥部分）。特别是对衰弱树，要加强肥水管理，增强树势。

2.抹芽控梢 在现蕾期和谢花后，进行人工抹芽控梢，把部分营养春梢和谢花后无果的营养枝抹去，可减少落蕾落花。同时，在6月中、下旬前，对结果树萌发的早夏梢全部抹除，以减少大量的养分消耗，防止大量落果（图4-31）。

图4-31 春梢多，坐果率低

3.根外追肥 在花蕾期、谢花期和幼果期分别进行根外追肥，能及时补充养分，减少落花落果。在花蕾期喷施0.2%～0.3%高氮叶面肥加0.2%磷酸二氢钾加0.1%硼酸1 000倍液，每隔10～15天喷1次，连喷2次。谢花后可喷1次含中微量元素的叶面肥。

4.花期摇花 春季雨水多，开花后花瓣和花丝容易黏附在子房和花托上，造成小果腐烂而落果。因此，可在开花期间及时摇花，把凋谢的花瓣摇落。

5.植物生长调节剂保果 在沃柑开花、生理落果期，适当喷施植物生长调节剂能有效减少落花落果，提高坐果率。出现异常天气时，更要注重生长调节剂的应用。

（1）*植物生长调节剂的种类* 生产上应用较多的主要是赤霉素（九二〇）、芸薹素内酯、细胞分裂素、复硝酚钠、2,4-D等。

（2）*植物生长调节剂的使用* 在使用前必须了解植物生长调节剂的有效成分、使用方法及产地，然后根据落花落果和天气等情况使用。如春季低温阴雨，天气异常，为提高花的质量和壮蕾壮花，在现蕾期至谢花期间，宜用芸薹素内酯、细胞分裂素等；谢花后至第二次生理落果期落果最为严重，此时应喷施赤霉素、2,4-D，效果明显。

（3）*植物生长调节剂使用浓度及次数* 使用植物生长调节剂要严格控制浓度和次数，不能随意增加或减少，以免产生药害。生产上有的果农滥用药物，把4、5种保果药剂加入几种叶面肥混合喷施，有的则从现蕾开始至幼果膨大期间，每10～15天喷1次，持续2～3个月喷施多达5～6次，这种做法既浪费又达不到应有的效果。沃柑属于有核品种，自然坐果率较高，正常情况下不需要使用赤霉素保果，如遇低温寡照或异常高温等天气可喷赤霉素每克加水50～75千克，第二次生理落果前喷2,4-D，每克加水100～150千克加强保果。连续使用多次、多种植物生长调节剂加叶面肥混合使用，容易刺激果皮变粗、变厚，出现浮皮现象（图4-32）。保花保果药物最多同时用2种，不能超出3种，叶面肥加1～2种即可。

图4-32　九二〇浓度过高引起果皮发育异常

6.控制夏梢 控制夏梢的目的是平衡营养生长与生殖生长，因为花量多、春梢多，营养生长旺盛，花果与新梢争夺养分，营养生长与生殖生长失调导致落花落果。为防止大量夏梢抽发消耗养分而引起落果，在生产上必须抹掉夏梢。第一，控制施肥量，4 ~ 6月，对树势健壮的树，可以少施肥或不施肥，特别是控制施用氮肥等，可避免或减少夏梢抽发；第二，人工抹梢，当夏梢长4 ~ 6厘米时要及时抹除过多过密的嫩梢，每隔7 ~ 10天抹1次，一直抹到7月中、下旬为止；第三，以果控梢（图4-33），通过合理施肥、保果、环割等措施，增加结果量，使树体绝大部分养分集中供应果实生长发育的需要，从而控制夏梢数量，达到以果控梢的目的。对于以果控梢的树，要在放秋梢前10 ~ 20天，适当疏去树冠中上部过多的果实，尤其要疏掉树冠中上部的单顶果、大型果、畸形果和病虫果，确保能放出充实健壮的秋梢；第四，以梢控梢（图4-34），在夏梢萌发时对树冠顶部不结果的枝条留一部分夏梢任其生长，消耗树体部分养分，减少夏梢萌发的数量，从而达到控梢目的；第五，药物控梢，生产上利用青鲜素、多效唑、B_9等药物控制夏梢的生长，其效果各有特点，能有效抑制夏梢的生长。但使用药物控梢，要了解不同厂家药物的使用注意事项，首先要先试后用，严格控制使用浓度，以免引起药害，造成不必要的损失。

图4-33　以果控梢

图4-34　以梢控梢

7.环割保果 在沃柑的花期、幼果期进行主干或主枝环割，保果效果明显。通过环割暂时阻断树体光合产物向根系输送，增加叶片光合产物的积累和幼果的养分供应，从而起到保果的作用。环割保果技术主要用于生长旺盛、夏梢萌发多的植株，酸橘砧沃柑如在生理落果期遇到异常天气，也可以进行环割保果。

（1）环割的时间 在春梢转绿前进行环割会影响老叶片光合产物向根系输送，限制根系吸收养分，推迟春梢老熟时间。因此，环割应在春梢转绿后至老熟前进行。同时，要根据当年树的结果量、生长势强弱而定，如花量不多可在盛花期环割，花量多则在谢花后环割。

（2）环割的方法 用环割专用刀、电工刀或其他锋利的刀具，在主干或主枝的光滑处环状割1～2圈（图4-35），环割深度以割断韧皮部不伤及木质部为度。在主干上环割，宜在离地面20厘米以上的部位进行，以免环割伤口受感染而腐烂。

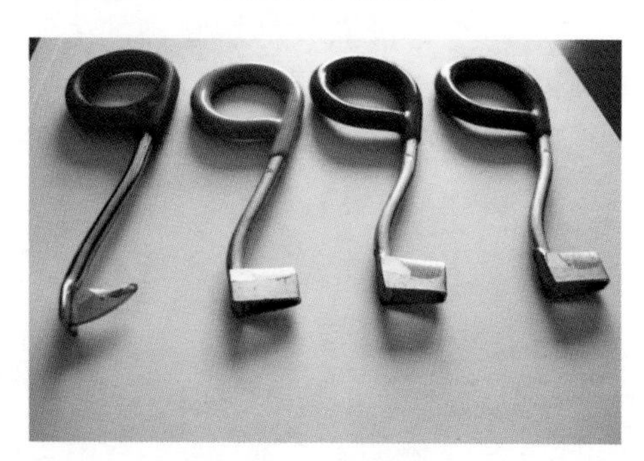

图4-35 环割工具

（三）疏花疏果

1.沃柑叶果比调察 笔者于2018—2019年开展了沃柑适宜叶果比的调查，以四至六年生沃柑结果树为对象，对结果量多、较多、中等、较少4种类型结果树的干周、树高、冠幅、枝组叶片数量和结果数量、株结果数量和产量、秋梢数量及秋梢成花率、果实主要理化指标等进行调查分析（表4-4至表4-9）。

表4-4　四年生4种类型结果树树体生长量与秋梢成花情况

结果类型	干周（厘米）	树高（厘米）	冠幅（厘米）	株秋梢数量（条）	成花秋梢数量（条）	成花率（%）
多	21.3	224	207 × 193	132	0	0
较多	21.7	237	243 × 249	235	136	57.87
中	22.0	245	233 × 242	293	245	83.62
较少	21.7	248	228 × 247	340	332	97.65

表4-5　四年生4种类型结果树叶果比、结果数量与产量

结果类型	枝组			株结果			折合亩产量（千克）
	叶片（张）	果（个）	叶果比	数量（个）	产量（千克）	单果重（克）	
多	1 608	80	20.2 ∶ 1	515	54.0	104.9	4 104.0
较多	1 703	55	30.8 ∶ 1	362	42.9	118.5	3 260.4
中	1 465	41	35.5 ∶ 1	259	31.3	120.8	2 378.8
较少	1 429	33	43.7 ∶ 1	196	24.8	126.5	1 884.8

表4-6　五年生4种类型结果树树体生长量与秋梢成花情况

结果类型	干周（厘米）	树高（厘米）	冠幅（厘米）	株秋梢数量（条）	成花秋梢数量（条）	成花率（%）
多	24.9	243	256 × 262	39	24	61.54
较多	24.7	262	235 × 259	79	66	83.54
中	26.4	254	281 × 250	166	154	92.77
较少	25.3	249	264 × 252	240	234	97.50

表4-7　五年生4种类型结果树的叶果比、结果数量和产量

结果类型	枝组			株结果			折合亩产量（千克）
	叶片（张）	果（个）	叶果比	数量（个）	产量（千克）	单果重（克）	
多	1 356	71	19.7 ：1	571	59.5	104.2	4 522.0
较多	1 243	42	29.6 ：1	417	46.7	112.0	3 549.2
中	1 172	30	39.1 ：1	312	36.7	117.6	2 789.2
较少	1 173	23	51.0 ：1	185	23.9	129.2	1 816.4

表4-8　六年生4种类型结果树树体生长量与秋梢成花情况

结果类型	干周（厘米）	树高（厘米）	冠幅（厘米）	株秋梢数量（条）	成花秋梢数量（条）	成花率（%）
多	33.6Aa	309Aa	338 × 345	54Cd	43Cd	79.63
较多	35.3Aa	333Aa	321 × 381	112Cc	108Cc	96.43
中	32.0Aa	300Aa	311 × 373	207Bb	207Bb	100.00
较少	32.7Aa	305Aa	329 × 343	331Aa	330Aa	99.70

表4-9　六年生4种类型结果树叶果比、结果数量和产量

结果类型	枝组			株结果			折合亩产量（千克）
	叶片（张）	果（个）	叶果比	数量（个）	产量（千克）	单果重（克）	
多	1 599	68	23.5 ：1	634Aa	77.4Aa	122.1	5 185.8
较多	1 461	50	29.2 ：1	485Bb	62.4Bb	128.7	4 182.1
中	1 185	32	37.0 ：1	323Cc	44.6Cc	138.1	2 988.2
较少	1 103	24	46.0 ：1	247Cd	35.3Cd	142.9	2 365.1

综合来看，四、五、六年生结果树结果多的类型叶果比为（20 ～ 24）：1，相对应的亩产量为4 000 ～ 5 000千克，表现结果多、产量高、树势弱、秋梢短小且少，在田间均表现出翌年花

少花弱、果少或无的小年结果现象；结果较多类型的叶果比为30∶1，相对应的亩产量为3 200～4 200千克，表现结果较多产量也较高、树势及秋梢数量中等，在田间表现出翌年有一定花量和结果量；结果中等类型的叶果比为（35～40）∶1，相对应的亩产量为2 300～3 000千克，表现结果数量和产量中等、树势中上水平、秋梢数量较多，翌年花量和结果量较多；结果较少类型的叶果比为（44～51）∶1，相对应的亩产量为1 800～2 400千克，表现当年结果量较少产量偏低、树势壮旺、秋梢数量多，在田间表现出翌年花量大、结果多的大年结果现象。

根据笔者近年对广西不同树龄沃柑果园产量调查结果及对上述结果的分析，可以认为，四、五、六年生结果树亩产量分别为2 000～3 000千克、2 500～3 500千克、3 000～4 000千克属于产量中等至较高水平，树体结果量较合理，对应的叶果比为（30～40）∶1，是中青年沃柑结果树较适宜的叶果比。叶果比（20～30）∶1属于较高至高产水平，叶果比大于40∶1属于中等至低产水平。

2.疏花 疏花时间最好在蕾期。在花芽量多时，可以结合修剪疏除细弱结果母枝和短剪长花枝（图4-36）。

图4-36 花蕾期短剪长花枝

3.疏果 俗话说“看树定产，分枝负担，均匀留果”，只有科学合理地疏果，才能减少养分消耗，提高坐果率和果实的品质。要根据留优去劣的原则进行，要先疏除畸形果、小果、病虫果，再根据叶果比合理留果，应由内到外、从上到下，按枝条顺序逐枝进行（图4-37、图4-38）。

图4-37　疏果前

图4-38　疏果后

（四）预防果实日灼

在广西各产地夏秋季节高温、干旱等天气条件下，沃柑果实日灼现象相当严重。预防果实日灼常用的方法有贴纸、套袋、喷涂轻质碳酸钙加胶水等。然而，贴纸和套袋人工成本高，贴纸的效果也不理想，喷涂轻质碳酸钙加胶水有一定的效果，但极易开裂、脱落，导致果皮灼伤，效果适得其反（图4-39、图4-40）。

图4-39　套袋防日灼

2018—2019年，笔者在广西南宁市武鸣区就离子果膜对沃柑果实日灼、叶片光合作用及果实品质的影响进行了试验（图4-41）。共设5个处理：

图4-40 喷涂轻质碳酸钙加胶水防日灼

处理1：离子果膜∶助剂∶水为1∶0.15∶6；

处理2：离子果膜∶助剂∶水为1∶0.15∶8；

处理3：离子果膜∶助剂∶水为1∶0.15∶10；

处理4：离子果膜∶助剂∶水为1∶0.15∶12；

对照（CK）：喷清水。

分别在6月中旬和8月中旬全树喷施1次。于11月上旬高温结束后进行日灼情况调查并统计植株外围受光总果数和日灼果数，计算日灼果发生率。

结果显示，对照沃柑果实日灼发生率最高，为14.77%，极显著高于其他4个处理。喷施了离子果膜的沃柑单株日烧果最多4个，

图4-41 喷离子果膜防日灼

最少0个，多数为2～3个，其日灼果发生率0.98%～1.73%。从浓度看，处理2的日灼果发生率最低，而处理1的日灼果发生率最高，但差异显著性分析结果表明，4个处理间差异不显著（表4-10）。

表4-10　不同处理的沃柑日灼果发生情况（2018—2019年）

处理	单株平均结果数（个）	单株最少日灼果数（个）	单株最多日灼果数（个）	单株平均日灼果数（个）	日灼果率（%）
对照（CK）	136.33	10	27	17.67	14.77
处理1	169.67	2	3	2.67	1.73
处理2	270.33	2	4	2.67	0.98
处理3	229.00	2	3	2.67	1.45
处理4	175.67	0	4	2.33	1.00

离子果膜是一款专为柑橘防日灼而研发的可喷可涂的中性果实涂抹剂。采用食品级纯进口乳液，与柠檬纳米弹力生物胶和海洋动物钙粉及淀粉酶、抗氧化因子、抗逆性因子及负离子等相配，性价比高，环保安全无毒无残留，符合国家食品安全法和出口水果标准。离子果膜均匀喷或涂在柑橘果实上，能形成一个天然保护面膜，可有效阻隔和反射紫外线及强光对果皮及叶片的灼伤，同时对溃疡病和锈壁虱等病虫害的侵染有一定的阻碍作用。本研究发现，喷施离子果膜的果面温度较对照低6～8℃，叶面温度低1～5℃，推测离子果膜可能有效地反射了光照，降低果实表面温度，减少沃柑日灼果的发生。同时发现离子果膜对沃柑叶片光合速率没有明显的影响，说明其透气性良好。4个处理的日灼发生率均极显著低于对照，表明离子果膜预防沃柑果实日灼的效果极为显著，值得在生产上进一步试验推广应用。

（五）撑果

沃柑长势旺盛，顶端优势强，坐果率高。如果幼年树修剪不合理，到果实膨大后期，树干承受不起果实的重量，极易引起劈枝，致果实拖地，故需要进行撑果。撑果的方式主要有网兜式、支撑式、搭架式、吊拉式等（图4-42至图4-45）。撑果是一项非常耗费财力和人力的工作，据调查一株树的撑果成本在20～40元不等，而且撑果后引起枝条重叠，不利于病虫害防治。因此，在幼树阶段要注重树形培养，主干、主枝明显，减少主枝数量，结果树短剪外围长花枝，通过树形培养和合理修剪达到不撑果或少撑果的效果（图4-46）。

图4-42　网兜式撑果

图4-43　支撑式撑果

图4-44　搭架式撑果

图4-45　吊拉式撑果

图4-46　培养不用撑果的树形

第五章 主要病虫害及其防治

一、主要虫害及其防治

（一）柑橘红蜘蛛

柑橘红蜘蛛又称柑橘全爪螨、瘤皮红蜘蛛、柑橘红叶螨等。

1.危害症状 红蜘蛛可危害叶片、果实及新梢，以刺吸转绿的新梢叶片较严重，吸食叶片后，叶片呈花点失绿，没有光泽，呈灰白色，严重时造成落叶，影响树势及产量。果实受害严重时果皮灰白色，失去光泽，不耐贮藏。春季危害严重，夏季如高温多雨，对红蜘蛛的生存、繁殖不利，发生较轻；秋、冬季若遇温暖干旱，则危害非常严重（图5-1至图5-4）。

2.发生规律 一年可发生15 ～ 24代，田间世代重叠，其发生代数与气温的关系密切。一般在气温达到12℃以上虫口开始增加，20℃时盛发，20 ～ 30℃和60%～ 70%的空气湿度是其发育和繁殖的最适宜条件，温度低于10℃或高于30℃时虫口受到抑制。果园常喷波尔多液等含铜制剂，杀灭了大量天敌，容易导致该螨大发生。

3.防治方法

（1）生物防治 培养天敌。红蜘蛛的天敌很多，如六点蓟马、

图5-1　红蜘蛛

图5-2　红蜘蛛世代重叠

图5-3　红蜘蛛危害叶片

图5-4　红蜘蛛危害果实

捕食螨等捕食性昆虫（螨），还有芽枝霉菌等致病真菌等。在果园内选择种植白花臭草、牧草或保留其他非恶性杂草，可调节果园小气候，提供充足的害虫天敌食料，有利于天敌的活动。

（2）化学防治　冬季清园是全年防治红蜘蛛的关键。在采果后至春芽萌发前，先用自制的1.0波美度石硫合剂喷药清园1次，再在修剪病虫枝之后喷1次，效果非常好。也可选用99%绿颖矿物油150 ～ 200倍液、99%绿宝矿物油150 ～ 200倍液、99%绿颖矿物油200倍液加73%炔螨特乳油2 000倍液，连续喷2次。

在春季开花期、幼果期可用5%尼索朗乳油1 500倍液、24%螨危悬浮剂4 000 ～ 5 000倍液、43%联苯肼酯2 000倍液+30%乙螨唑3 000倍液、45%联苯肼酯·乙螨唑悬浮剂2 500 ～ 3 000倍液、

30%乙唑螨腈3 000倍液。

（二）柑橘锈蜘蛛

1.危害症状 柑橘锈蜘蛛又称锈壁虱、锈螨。主要危害叶片和果实，以危害果实较严重。叶片受害后，似缺水状向上卷，叶背呈烟熏状黄色或锈褐色，容易脱落；果实受害后流出油脂，被空气氧化后变成黑褐色，称之为“黑皮果”。6～9月为危害高峰期，到采果前甚至收果后还会危害。发生早期，果皮似被一层黄色粉状微尘覆盖。虫体不易察觉，待出现黑皮果时，即使杀死虫体，果皮也不会恢复正常（图5-5、图5-6）。

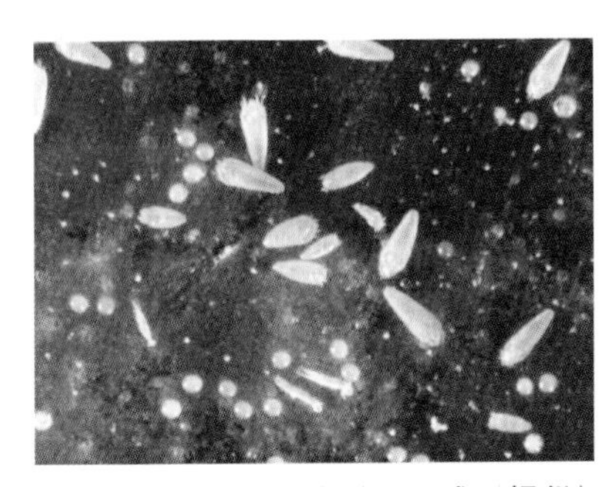

图5-5 柑橘锈蜘蛛（王金成 提供）

图5-6 柑橘锈蜘蛛危害果实

2.发生规律 一年发生18～24代，以成螨在柑橘的腋芽、卷叶内或越冬果实的果梗处、萼片下越冬。越冬成螨在春季日均气温上升至15℃左右开始取食危害和产卵等活动，春梢抽发后聚集在叶背主脉两侧危害，5～6月迁至果面上危害，7～10月为危害高峰，尤以气温25～31℃时虫口增长迅速。果园常喷施波尔多液等含铜制剂和溴氰菊酯、氯氰菊酯等杀虫剂，会杀灭大量天敌，容易导致该螨大发生。

3.防治方法

（1）冬季清园 结合清园，修剪病虫枝，防止果园过度荫蔽，选用自制的1.0波美度石硫合剂喷药清园。

（2）加强栽培管理　加强肥水管理，增强树势；注意果园种草，如白花臭草等，以提高湿度，有利于天敌的繁殖和生存。已知的天敌有7种，如汤普森多毛菌、捕食螨、草蛉、蓟马等。

（3）药剂防治　加强监测预报，在幼果或叶片上每视野（10倍放大镜检查）发现有2头以上锈螨时，应立即喷药，挑有虫的单株及其四周的单株进行喷药防治。在桂北地区，一般在5月结合防治炭疽病喷1次80%大生M-45可湿性粉剂600～800倍液，就能达到较好的防治效果。

防治锈蜘蛛的有效农药：5%虱螨脲1 000～2 000倍液、5%甲维·40%虱螨脲（普克猛）10 000倍液、80%大生M-45可湿性粉剂600～800倍液、多毛菌菌粉（每克7万菌落）300～400倍液、0.3%印楝素1 000倍液、1.8%阿维菌素乳油1 500倍液等。

（三）柑橘潜叶蛾

柑橘潜叶蛾又称绘图虫、鬼画符、潜叶虫，是柑橘新梢的主要害虫之一。

1.危害症状　成虫在刚萌动的新梢上产卵，数天内幼虫潜入嫩叶表皮下取食叶肉，形成具有保护层的隧道，使叶片卷曲、硬化变小，甚至落叶；幼果受害果皮留下伤迹。枝叶受害后的伤口是其他病菌侵染的途径，也是螨类等害虫的越冬场所（图5-7）。

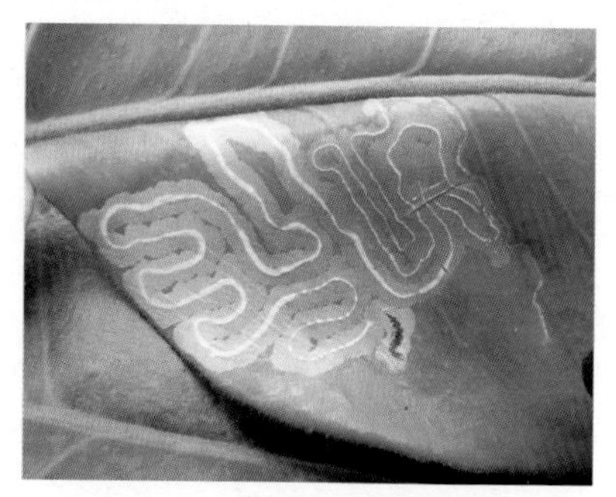

图5-7　柑橘潜叶蛾危害状

2.发生规律　在华南地区一年发生15～16代，以蛹及少数老熟幼虫在叶片边缘卷曲处越冬。田间世代重叠明显，各代历期随温度变化而异。平均气温27～29℃时，完成一个世代需13.5～15.6天；平均气温16.6℃时为42天。田间5月就可见到危害，但以7～9月夏、秋梢抽发期危害最严重。

3.防治方法

（1）抹芽控梢　幼龄园应抹芽控梢，最大限度地消灭其虫口基数，切断其嫩梢食料来源，做到统一放梢，集中喷药。

（2）药物防治　要认真做好喷药保梢工作，一般在夏、秋梢的嫩芽长到0.5～1厘米长时喷第1次药，以后每隔5～7天喷1次，到新梢自剪时停止用药，每次梢期用药2～3次。可选用3%啶虫脒乳油1 500～2 000倍液、5%甲维·40%虱螨脲（普克猛）10 000倍液、10%吡虫啉可湿性粉剂2 000倍液、20%叶蝉散500～800倍液、1.8%阿维菌素乳油1 500倍液、10%苯丁锡·哒螨灵乳油1 000倍液等。

（四）柑橘木虱

柑橘木虱分为亚洲木虱和非洲木虱两种。我国和亚洲各国柑橘产区多为亚洲木虱（图5-8、图5-9）。

图5-8　柑橘木虱成虫

图5-9　柑橘木虱若虫

主要危害芸香科植物，柑橘属受害最重，黄皮、九里香等次之。

1.危害症状　柑橘木虱以成虫在嫩芽产卵和吸食汁液，使叶片扭曲畸形，严重时新芽凋萎枯死（图5-10）。若虫排出白色蜡状排泄物，诱发煤烟病。柑橘木虱是传播柑橘黄龙病的媒介昆虫。

在柑橘黄龙病疫区应把其作为重要害虫进行防治。

2.**发生规律** 在周年有嫩梢的情况下，一年可发生11～14代，其发生代数与柑橘抽发新梢次数有关，每代历期长短与气温有关。田间世代重叠。成虫产卵于露芽后的芽叶缝隙处，没有嫩芽不产卵。初孵的若虫吸取嫩芽汁液并在其上发育成长，直至五龄。成虫停息时尾部翘起，与停息面呈45°角。在没有嫩芽时，停息在老叶的正面和背面。在8℃以下时，成虫静止不动，14℃时可飞能跳，18℃时开始产卵繁殖。在一年中，秋梢受害最重，其次是夏梢，10月中旬至11月上旬常有一次迟秋梢，柑橘木虱会发生一次高峰。连续阴雨天，会使柑橘木虱虫口大量减少。柑橘木虱对极端温度有较高的耐性，自然条件下，−3℃时24小时后其成活率为45%。

图5-10　柑橘木虱危害嫩芽

3.**防治方法**

（1）消除果园周围的寄主植物　寄主植物有黄皮、九里香等。

（2）冬季清园　冬季木虱越冬成虫活动能力差，停留在叶背，清园时喷布有效杀虫剂是防治柑橘木虱的关键措施。

（3）抹芽控梢，统一放梢　在枝梢抽发时，采取抹除零星芽、集中放梢的方法统一放梢，统一喷药防治，可显著减轻其危害。

（4）营造防风林带　防风林带可以阻隔木虱迁飞和传播。

（5）药剂防治　防治时期是采果后、挖除黄龙病株前以及春、夏、秋、冬梢抽发期，重点是采果后和春、夏、秋梢抽发期，采取连片统一围歼的方法来喷药。每一次新梢抽发期喷2次药，每次间隔5～7天。药剂可选用22%噻虫嗪·高效氯氟氰菊酯（阿立卡）3 000倍液、22.4%螺虫乙酯（亩旺特）4 000倍液、22.4%

螺虫乙酯悬浮剂（施绿健）4 000倍液、10%吡丙醚乳油（可汗）1 500 ～ 2 000倍液、20%哒虱威乳油1 000倍液、20%甲氰菊酯乳油1 000倍液、4.5%高效氯氰菊酯乳油1 000倍液等。

（五）蚧类

1.危害症状 在沃柑上危害较多的蚧类主要有糠片蚧、矢尖蚧、黑点蚧、褐圆蚧等。这里将对有代表性的糠片蚧、矢尖蚧、黑点蚧、褐圆蚧等盾蚧类作重点介绍。蚧类既危害叶片，又危害枝干和果实，有的甚至危害根群。介壳虫往往是雄性有翅、能飞，雌虫和幼虫终生寄居在枝叶，造成叶片发黄、枝梢枯萎、树势衰退，且易诱发煤烟病，在果实上危害造成果面斑点累累，品质下降，甚至引起落果（图5-11）。

图5-11　介壳虫危害柑橘果实

2.发生规律 盾蚧类大多以成虫和老熟幼蚧越冬，第二年春天来临时，雌成虫产卵于介壳下方，雌成虫产卵期较长，可达2 ～ 8周。卵不规则堆积于介壳之下，经几小时或若干天后孵化为若虫，刚孵出的若虫为可以到处爬行的初孵若虫，初孵若虫爬出母壳后移到新梢、嫩叶或果实上固定取食。蚧类的成虫和二龄以后长出介壳的若虫都难以用药防治，其蜡质介壳难以被药剂穿透。一龄若虫未长出介壳，便于药剂穿透和防治，此期是防治的最佳时机，其一龄若虫大致发生时间如下：

（1）褐圆蚧　一年发生4代，幼蚧盛发期大概为5月中旬、7月中旬、8 ～ 9月、10月下旬至11月中旬，各虫期不整齐，世代重叠。

（2）矢尖蚧　一年发生2 ～ 3代，初孵若虫常出现于5月中下旬、7月中旬、9月上中旬，一般情况下，各虫期的发生比较整齐而有规律。

（3）*糠片蚧* 一年发生3～4代，初孵若虫可见于4～6月、6～7月、7～9月和10月以后。最大量的初孵若虫发生期为7月下旬至10月，尤以9月为高峰。

（4）*黑点蚧* 一年发生3～4代，一龄若虫全年均有发生，一般于7月中旬、9月中旬、10月中旬出现高峰。

3.防治方法

（1）*加强栽培管理* 搞好肥水管理，增强树势；盛果期后注意修剪，防止果园荫蔽，并把剪下的寄生介壳虫的阴枝和内膛枝烧毁，最大限度地减少虫口基数。

（2）*保护天敌* 吹绵蚧的天敌有澳洲瓢虫、大红瓢虫等，可人工放养。黄金蚜小蜂是褐圆蚧、矢尖蚧、糠片蚧的天敌，寄生率可达70%以上。

（3）*冬季清园* 结合清园，修剪病虫枝，集中烧毁；防止果园过度荫蔽；选用自制的1.0波美度石硫合剂喷药清园。也可用99%绿颖矿物油150～200倍液、锐护97%精炼矿物油200～250倍液、99%绿宝矿物油150～200倍液清园。

（4）*药物防治* 根据各种介壳虫和最佳防治虫龄及发生高峰期，抓住关键时期施药，其重点应掌握在一至二龄若虫盛发期进行，尤其应抓好对第一代一至二龄若虫的防治。可选用48%乐斯本乳油800～1 000倍液、22%吡虫啉·毒死蜱乳油（挫施介）800～1 000倍液、1.5%啶虫脒·40%毒死蜱（道印）1 000倍液、22.4%螺虫乙酯（亩旺特）4 000倍液、22.4%螺虫乙酯悬浮剂（施绿健）4 000倍液。喷雾时务必全树喷匀，喷湿树冠阴枝与叶背，注意害虫集中的地方一定要精心喷杀。

（六）粉虱类

危害柑橘的粉虱主要有黑刺粉虱和白粉虱。黑刺粉虱又名橘

刺粉虱，白粉虱又名橘黄粉虱。

1.危害症状 主要以成虫、幼虫聚集叶片背面刺吸汁液，形成黄斑，并分泌蜜露诱发煤烟病，使植株枝叶发黑，树体变弱，果实生长缓慢，品质变差（图5-12）。

图5-12 白粉虱

2.发生规律

（1）白粉虱 白粉虱以高龄幼虫及少数蛹固定在叶片背面越冬。因各地温度不同，一年发生代数不同，华南温暖地区一年发生5～6代，各代若虫分别寄生在春、夏、秋梢嫩叶的背面危害。卵产于叶背面，每雌成虫能产卵125粒左右；有孤雌生殖现象，所生后代均为雄虫。

（2）黑刺粉虱 一年发生4～5代，以二至三龄若虫在叶背越冬。田间世代重叠。5～6月、6月下旬至7月中旬、8月上旬至9月上旬、10月下旬至11月下旬是各代一至二龄若虫的盛发期，也是药物防治的最佳时期。成虫多在早晨露水未干时羽化，初羽化时喜欢荫蔽的环境，白天常在树冠内幼嫩的枝叶上活动，有趋光性，可借风力传播到远方。羽化后2～3天便可交尾产卵，多产在叶背，散生或密集呈圆弧形。若虫孵化后作短距离爬行吸食。蜕皮后将皮留在体背上，一生共蜕皮3次，每蜕一次皮均将上一次蜕的皮往上推而留于体背上。

3.防治方法

（1）利用天敌防治 粉虱类的天敌有红点唇瓢虫、草蛉、粉虱细蜂、黄色跳小蜂、粉虱座壳孢。可采集已被粉虱座壳孢寄生的枝叶散放到柑橘粉虱发生的橘树上，或人工喷洒粉虱座壳孢悬浮液。

（2）合理修剪 剪除虫害枝、密生枝，使果园通风透光，增强树势，提高植株抗虫能力。

（3）*药物防治*　药剂防治关键时期是各代特别是第一代和第二代一至二龄若虫盛发期。药剂防治以99%绿颖机油乳剂200倍液加10%吡虫啉可湿性粉剂1 000倍液效果较好，也可选用锐护97%精炼矿物油200 ～ 250倍液加20%啶虫脒悬浮剂（阿达克）3 000倍液、锐护97%精炼矿物油200 ～ 250倍液加22.4%螺虫乙酯（亩旺特）4 000倍液、99%绿宝矿物油200倍液加22.4%螺虫乙酯悬浮剂（施绿健）4 000倍液、25%扑虱灵可湿性粉剂1 500 ～ 2 000倍液、48%乐斯本乳油1 000 ～ 2 000倍液等。

（七）柑橘花蕾蛆

柑橘花蕾蛆又称柑橘蕾瘿蚊，幼虫俗称花蛆（图5-13）。

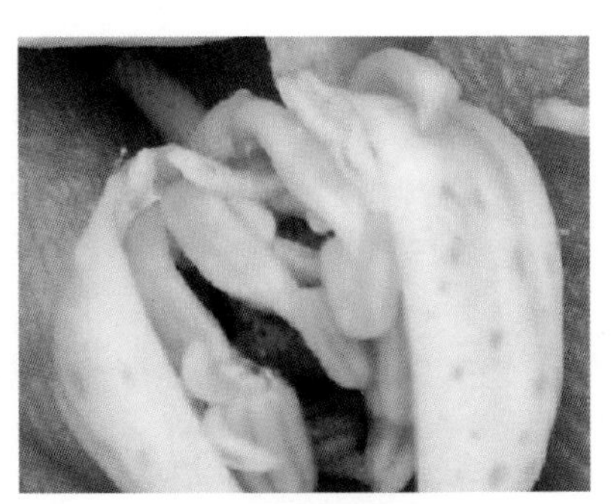
图5-13　柑橘花蕾蛆

1.危害症状　成虫在花蕾直径2 ～ 3毫米时，将卵从其顶端产于花蕾中，幼虫在花蕾内蛀食，致使花瓣白中夹带绿点，受害花畸形肿胀，俗称灯笼花，不能开花结果，严重影响产量。

2.发生规律　一年发生1代，以幼虫在树冠下的浅土层中越冬，每年的3月上中旬开始化蛹，于3月中下旬出土，羽化后1 ～ 2天即开始交尾产卵，卵期3 ～ 4天，4月上中旬为幼虫盛发期，4月中下旬幼虫开始脱蕾入土休眠，直到翌年化蛹。花蕾蛆羽化上树的产卵期为柑橘花朵露白期。

3.防治方法

（1）*物理防治*　在成虫出土前进行地面覆盖，可使成虫闷死于地表。

（2）*化学防治*　地面撒药，掌握在花蕾2毫米左右由绿转白阶段、成虫羽化出土前5 ～ 7天撒药，每亩用50%辛硫磷颗粒

0.5kg拌土撒施，或者用80%敌敌畏乳油1 000倍液和90%晶体敌百虫800倍液混合液、20%杀灭菊酯乳油2 500 ～ 3 000倍液喷洒地面；成虫已出土至产卵前，一般在现蕾期用20%氯氰菊酯乳油3 000 ～ 5 000倍液、22%噻虫嗪·高效氯氟氰菊酯（阿立卡）3 000倍液、80%敌敌畏乳油1 000倍液喷洒树冠1 ～ 2次。

（八）柑橘蚜虫类

主要有棉蚜、橘蚜、绣线菊蚜、橘二叉蚜。它们都是传播柑橘衰退病的媒介昆虫。

1.危害症状　蚜虫以成虫和若虫吸食嫩梢、嫩叶、花蕾及花的汁液，使叶片卷曲、叶面皱缩、凹凸不平不能正常伸展。受害新梢枯萎，花果脱落。蚜虫排出的蜜露还诱发煤烟病（图5-14）。

图5-14　蚜　虫

2.发生规律

（1）棉蚜　一年发生20 ～ 30代，以卵在枝条基部越冬。翌年3月卵开始孵化，气温升至12℃以上开始繁殖。在早春和晚秋19 ～ 20天完成1代，夏季4 ～ 5天完成1代。繁殖的最适温度为16 ～ 22℃。

（2）橘蚜　一年发生10 ～ 20代，以卵或成虫越冬。3月下旬至4月上旬越冬卵孵化为无翅若蚜危害春梢嫩枝、叶，若蚜成熟后便胎生幼蚜，虫口急剧增加，于春梢成熟前达到危害高峰。繁殖最适温度为24 ～ 27℃，高温久雨橘蚜死亡率高、寿命短，低温也不利于该虫的发生。

（3）绣线菊蚜　全年均有发生，一年发生20代左右，以卵在寄主枝条裂缝、芽苞附近越冬。4 ～ 6月危害春梢并于早夏梢形成高峰，虫口密度以5 ～ 6月最大，9 ～ 10月形成第二次高峰，危害秋梢和晚秋梢。

（4）橘二叉蚜　一年发生10余代，以无翅雌蚜或老若虫越冬。翌年3～4月开始取食新梢和嫩叶，以春末夏初和秋天繁殖多危害重。多行孤雌生殖。其最适宜温度为25℃左右。一般为无翅型，当叶片老化食料缺乏或虫口密度过大时便产生有翅蚜迁飞他处取食。

3.防治方法

（1）黄板诱蚜　有翅成蚜对黄色、橙黄色有较强的趋性，可在黄板上涂抹10号机油、凡士林等诱杀。黄板插或挂于田间，诱满蚜虫后要及时更换（图5-15）。

图5-15　黄板诱蚜

（2）栽培措施　冬季结合清园，剪除有虫枯枝，减少越冬虫口。在生长季节抹除抽生不整齐的新梢，统一放梢。

（3）保护和利用天敌　蚜虫的天敌种类很多，如瓢虫、草蛉、食蚜蝇、寄生蜂、寄生菌等，注意合理用药，保护天敌。

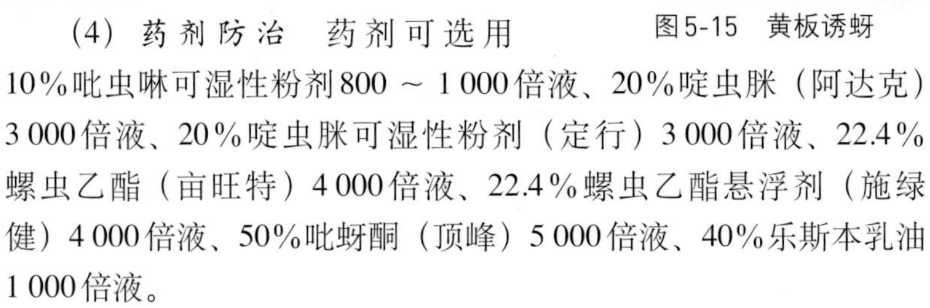

（4）药剂防治　药剂可选用10%吡虫啉可湿性粉剂800～1 000倍液、20%啶虫脒（阿达克）3 000倍液、20%啶虫脒可湿性粉剂（定行）3 000倍液、22.4%螺虫乙酯（亩旺特）4 000倍液、22.4%螺虫乙酯悬浮剂（施绿健）4 000倍液、50%吡蚜酮（顶峰）5 000倍液、40%乐斯本乳油1 000倍液。

（九）蓟马

1.危害症状　蓟马以成虫、若虫吸食嫩叶、嫩梢和幼果的汁液。幼果受害后表皮油胞破裂，逐渐失水干缩，呈现不同形状的木栓化银白色斑痕，斑痕随着果实膨大而扩大。嫩叶受害后，叶片变薄，中脉两侧出现灰白色或灰褐色条斑，表皮呈灰褐色，受害严重时叶片扭曲变形，生长势衰弱（图5-16、图5-17）。

图5-16 蓟 马

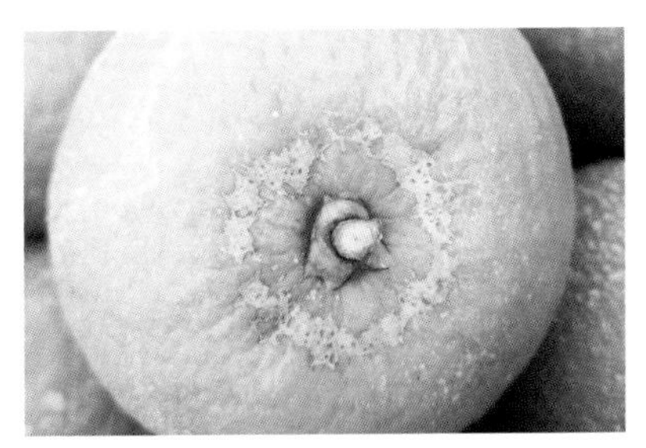
图5-17 蓟马危害状

2.发生规律 一年发生7～8代，以卵在秋梢新叶组织内越冬。翌年3～4月越冬卵孵化为若虫，在嫩梢和幼果上取食。田间4～10月均可见，但以谢花后至幼果期危害最重。第一、第二代发生较整齐，也是主要的危害世代，以后各世代重叠明显。若虫老熟后在地面或树皮缝隙中化蛹。成虫较活跃，尤以晴天中午活动最盛。秋季当气温降至17℃以下时便停止发育。

3.防治方法

（1）消除越冬虫卵 开春清除园内枯枝落叶并集中烧毁，以消除越冬虫卵。

（2）药剂防治 在谢花至幼果期，加强检查结合喷叶面肥，可选用2.5%溴氰菊酯1 000～1 500倍液、20%吡虫啉1 500倍液、22.4%螺虫乙酯（亩旺特）4 000倍液、22.4%螺虫乙酯悬浮剂（施绿健）4 000倍液、22%噻虫嗪·高效氯氟氰菊酯（阿立卡）2 000～3 000倍液。同时，可用蓝板插或挂于田间，诱杀成虫（图5-18）。

图5-18 蓝板诱杀蓟马

（十）柑橘实蝇

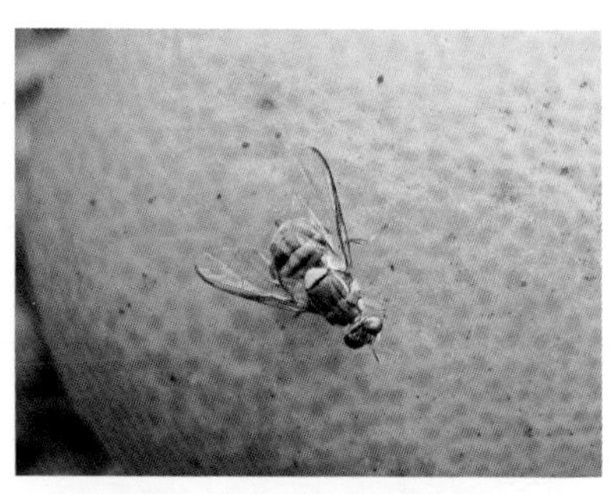
图5-19　柑橘小实蝇成虫
（全金成　提供）

柑橘实蝇有柑橘大实蝇和柑橘小实蝇两种。

1.危害症状　以成虫产卵于果实内，幼虫危害果实，使果实腐烂并造成大量落果（图5-19、图5-20）。

图5-20　柑橘小实蝇危害引起落果

2.发生规律

（1）柑橘大实蝇　在四川、湖北、贵州等地一年发生1代，以蛹在柑橘园土中越冬，于翌年4月下旬至5月上中旬羽化出土，6月上旬至7月中旬交尾产卵，产卵时，雌虫将产卵管刺入果皮，每孔产卵数粒。卵期1个月左右，于7～9月孵化为幼虫，10月中旬至11月上中旬幼虫脱果入土化蛹越冬。主要传播途径为人为携带虫果和带土苗木。

（2）柑橘小实蝇　一年发生3～5代，无严格越冬现象，发生极不整齐，成虫羽化后需要经历较长时间的补充营养（夏季

10 ～ 20天，秋季25 ～ 30天，冬季3 ～ 4个月）才能交尾产卵，卵产于将近成熟的果皮内。卵期夏秋季1 ～ 2天，冬季3 ～ 6天。幼虫期在夏秋季需7 ～ 12天，冬季13 ～ 20天。幼虫老熟后脱果入土化蛹，蛹期夏秋季8 ～ 14天，冬季15 ～ 20天。

3.防治方法

（1）*加强检疫*　严禁从疫区内调运带虫的果实、种子和带土苗木。

（2）*消灭虫果中的卵和幼虫*　在8月下旬至11月，摘除未熟先黄、黄中带红的被害果并捡拾落地果，放入50 ～ 60厘米深的坑中，在表面撒一层生石灰后深埋，也可以用石灰水浸泡，杀死果中的卵和幼虫（图5-21）。

（3）*诱杀成虫*　在6 ～ 8月间柑橘大实蝇、柑橘小实蝇产卵前期，在橘园喷施敌百虫800倍液加3%红糖混合液，诱杀成虫。在幼虫脱果入土盛期和成虫羽化盛期地面喷洒22%噻虫嗪·高效氯氟氰菊酯（阿立卡）3 000倍液。也可用黄板插或挂于田间，诱杀成虫（图5-22）。

图5-21　填埋柑橘小实蝇危害落果

图5-22　挂黄板诱杀小实蝇

（十一）柑橘尺蠖

1.危害症状　主要以幼虫取食叶片，一龄幼虫取食嫩叶叶肉仅留下表皮层，二至三龄幼虫食叶呈缺刻，四龄后以危害老叶为主，整片叶吃光（图5-23）。

图5-23　尺蠖幼虫

2.发生规律　在广西一年发生3～4代，以蛹在柑橘园土中越冬，翌年3月下旬陆续羽化出土，幼虫盛发期分别在5月上旬、7月中旬和9月中旬。成虫昼伏夜出，有趋光性和假死性，产卵于柑橘叶背上，初孵幼虫常在树冠顶部的叶尖直立，或吐丝下垂随风飘散危害，幼龄时取食叶肉，残留表皮，大幼虫常在枝杈搭成桥状，老熟幼虫沿树干向下爬行，多在树干周围50～60厘米的浅土中化蛹。

3.防治方法

（1）*农业措施*　结合冬季清园，全园深翻，将越冬蛹挖除，减少越冬基数，是控制柑橘尺蠖的有效措施。尺蠖产卵均在树干及叶片背面，要及时刮除卵块，并把收集的卵块集中烧毁或深埋。

（2）*化学防治*　可选用5%甲维·40%虱螨脲（普克猛）10 000倍液、20%灭扫利乳油2 000倍液、22%噻虫嗪·高效氯氟氰菊酯（阿立卡）3 000倍液、20%克螨虫乳油1 000倍液、90%敌百虫晶体600倍液喷杀。

（十二）天牛类

天牛类主要有星天牛、褐天牛、光盾绿天牛3种（图5-24、图5-25）。

1.危害症状　天牛以成虫啃食树的细枝皮层、幼虫钻蛀危害枝干及根部。星天牛和褐天牛的幼虫蛀害主干、主枝及根部，常环绕树干基部蛀成圈，后钻入主干或主根木质部，使树干、根内

图5-24　星天牛

图5-25　褐天牛

部造成许多通道，影响水分、养分的输送，致使叶片黄化，树势衰弱，甚至整株枯死。光盾绿天牛幼虫从枝梢入侵危害，被害枝梢上每隔一段距离有一个圆形孔洞，枝条易为风折。

（1）*星天牛*　一年发生1代，幼虫在树干基部或主根内越冬，翌年春化蛹，成虫在4月下旬至5月上旬开始出现，5 ~ 6月为羽化盛期。卵多产于离地面5厘米以内的树干基部，5月底至6月中旬为产卵盛期。产卵处表面湿润，有泡沫状胶质流出。

（2）*褐天牛*　两年完成1代，幼虫和成虫均可越冬。一般在7月上旬以前孵化的幼虫，当年以幼虫在树干蛀道内越冬，翌年8月上旬至10月上旬化蛹，10月上旬至11月上旬羽化为成虫并在蛹室内越冬，第三年4月下旬成虫外出活动；8月以后孵化的幼虫，则需经历2个冬天，到第三年5 ~ 6月才化蛹，8月以后才外出活动。成虫出洞后在上半夜活动最盛，白天多潜伏在树洞内，一年中在4 ~ 9月均有成虫外出活动和产卵，以4 ~ 6月外出活动产卵最多，幼虫大多在5 ~ 7月孵化。幼虫孵化后先在卵壳附近皮层下横向取食，7 ~ 20天后，开始蛀食木质部，并产生虫粪和木屑，同时在树干上产生气孔与外界相通，后幼虫老熟并化蛹。

（3）*光盾绿天牛*　一年发生1代，以幼虫在树枝木质部内越冬。4月下旬至5月下旬为化蛹盛期，成虫于5～6月间出现，5月下旬至6月中下旬为盛期，虫卵多产于嫩枝的分叉处、叶柄和叶腋内，每处1粒。6月上中旬开始孵化幼虫，孵化后咬破卵壳底层，保留上层卵壳掩盖虫体，经6～7天后即开始由卵壳下蛀入枝条，由小枝逐步蛀入大枝。

3.防治方法

（1）*人工捕捉成虫*　在成虫羽化期产卵（5～6月）的晴天，中午捕杀栖息于树冠外围的成虫，或在黄昏前后捕杀在树干基部产卵的成虫。

（2）*加强栽培管理，保持树干光滑*　在成虫羽化产卵前用石灰浆涂白树干，也可采用基部包扎塑料薄膜的方法来防止天牛产卵。同时结合根颈培土，减少成虫潜入和产卵的机会。

（3）*刮除虫卵及低龄幼虫*　在6～8月，初孵幼虫在主干树皮层危害时，可见到新鲜木屑样的虫粪向外排出，找到产卵处，可用利刀刮杀虫卵和幼虫。

（4）*钩杀幼虫或药物毒杀幼虫*　在春、秋季发现树干基部有新鲜虫粪时，及时用铁丝将虫道内的虫粪清除后进行钩杀，然后用棉球或碎布条蘸80%敌敌畏乳油5～10倍液塞入虫孔内，并用湿泥土封堵洞口，以毒杀幼虫。

二、主要病害及其防治

（一）柑橘黄龙病

1.发病症状　发病初期，在树冠上有几枝或少部分新梢的叶片褪绿，呈现明显的“黄梢”，随之病梢的下段枝条和树冠其他部位的枝条相继发病。该病全年均可发生，春、夏、秋梢和果实均可表现症状。在田间，黄龙病黄化叶片可分为3种类型：

（1）*均匀型黄化*（图5-26、图5-27）　初期病树和夏、秋梢发

图5-26 柑橘黄龙病叶片均匀型黄化

图5-27 均匀型黄化叶片

病的树上多出现，叶片呈现均匀的黄色。

(2) 斑驳型黄化（图5-28） 叶片呈现黄绿相间的不均匀斑块状，斑块的形状和大小不一。从叶脉附近，特别易从中脉基部和

侧脉顶端附近开始黄化，逐渐扩大形成黄绿相间的斑驳，最后全叶呈黄绿色黄化。这种叶片在春、夏、秋梢病枝上，以及初期和中、晚期病树上都较易找到。

图5-28　斑驳型黄化叶片

斑驳型黄化叶在各种梢期和早、中、晚期病树上均可见到，症状明显，故常作为田间诊断黄龙病树的依据。

（3）缺素型黄化（图5-29）又称花叶，此类叶片叶脉及叶脉附近叶肉呈绿色而脉间叶肉呈黄色。与缺乏微量元素锌、锰病状相似，这种叶片出现在中、晚期病树上。

除叶片黄化症状外，还有“红鼻子果”症状（图5-30），即在病果果蒂附近普遍高肩并呈橙红色，其余部位暗绿色，果实纵径拉长，病果普遍偏小。由于“红鼻子果”易在田间区别于健康果，通常被作为诊断病树的标准之一。

图5-29　缺素型黄化叶片

图5-30　沃柑红鼻子果

2.发病规律 黄龙病可通过柑橘木虱传播或嫁接传播，带病苗木和接穗的调运是远距离传播的主要途径。田间菌源的普遍存在和柑橘木虱的高密度发生是此病流行的必要条件。黄龙病的发生流行在一定程度上受树龄、与老病园的距离、立地条件、果园的栽培管理水平以及柑橘品种抗病性的影响。

3.防治方法

（1）*严格实行检疫制度* 禁止病区的接穗和苗木流入新区和无病区，新区一律用无病苗木和接穗。

（2）*建立无病苗圃，培育无病苗木* 无病苗圃最好选在没有柑橘木虱发生的非病区。如在病区建圃，必须要有隔离条件，如在网室内建立。在建立苗圃之前，应先铲除附近零星的柑橘类植物或九里香等柑橘木虱的寄主。

（3）*防治媒介昆虫* 严格监控和防治柑橘木虱。

（4）*挖除病株* 黄龙病以秋梢老熟后的9月至翌年2月最易鉴别，田间鉴别最好在采果前进行果园逐株普查，以斑驳型黄化叶片和“红鼻子果”为诊断病树的主要症状，一旦发现病株立即挖除。但砍树前应先喷药将柑橘木虱杀死，以免砍树震动和病树运输时将木虱驱散到其他健康树和果园，造成人为扩散黄龙病（图5-31、图5-32）。

图5-31 砍除黄龙病树

图5-32 树兜涂抹草甘膦

（5）加强管理　保持树势健壮，提高抗病力，通过抹芽控梢，促梢抽发整齐，每次梢抽发期要及时喷药保护。果园四周栽种防护林带，对木虱的迁飞也有阻碍作用。

（6）联防联治　在集中连片种植的果园或村屯，每年秋季统一普查一次黄龙病发病情况，每次喷杀木虱、砍病树时统一行动，做到统一时间，统一喷药，统一消除病源，控制传病昆虫。只有如此，才能有效控制柑橘黄龙病的发生与传播。

（二）柑橘溃疡病

1.发病症状　柑橘溃疡病可危害沃柑叶片、枝梢和果实。受害的叶片，初期出现黄色或暗黄色针头大小的油渍状斑点，扩大后形成近圆形、米黄色斑点；随后成为近圆形、表面粗糙的暗褐色或灰褐色病斑，病部中心凹陷呈火山口状开裂，木栓化，周围有黄色晕环。枝梢上的病斑与叶片上的相似，但病斑较大，木栓化比叶片上的病斑更为隆起，火山口状的开裂也更为显著，病斑圆形、椭圆形、不规则形或多个聚合，连成大斑。在果上，病斑中部凹陷龟裂和木栓化程度比叶片上的病斑更显著，初期病斑油渍状突起，黄色，稀疏或密集，或有多个病斑相连占据大部分果面。溃疡病发生严重时，常引起大量落叶，枝条枯死，果实脱落，果品质劣，失去商品价值（图5-33至图5-36）。

图5-33　柑橘溃疡病感染初期症状

图5-34　柑橘溃疡病感染叶片

图5-35　枝条柑橘溃疡病症状

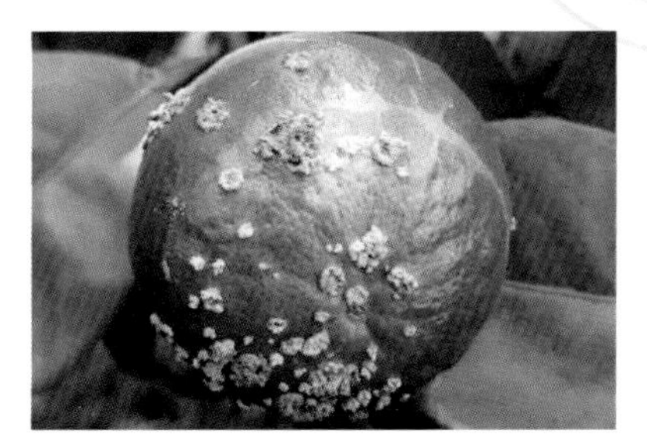

图5-36　柑橘溃疡病危害果实

2.发病规律　病原菌在叶、枝梢和病果的病组织中越冬，当春季气温适宜且水湿时，病菌从病斑中溢出，借风雨、昆虫、枝叶接触或人为活动等传播。由寄主的气孔、皮孔、伤口侵入。溃疡病的发生与温度、湿度密切相关。适宜温度为25～30℃，高温、高湿的夏、秋两季是严重发生季节。沃柑易感柑橘溃疡病，在生长发育过程中幼嫩组织最易感病，生长在高温、高湿期的夏梢和秋梢最容易受侵害。柑橘潜叶蛾、凤蝶幼虫等害虫危害或风害造成的伤口，有利于病菌侵染。

3.防治方法

（1）*严格检疫*　严禁病区的苗木、接穗、果实等进入无病区。

（2）*农业措施*　种植无病苗木，避免溃疡病发生和传播；幼年果园，认真做好病情调查，及早喷药预防，及时处理病叶、病株，控制病害蔓延；加强肥水管理，促使新梢整齐抽发，做好潜叶蛾等害虫的防治；营造防风林，减低风害；冬季清园剪除病枝，清理病叶病果，集中烧毁，以减少越冬病源。

（3）*化学防治*　在已有病源的果园或普遍发病的产区，在春梢、夏梢、秋梢萌发至1厘米左右时喷药1次，7～10天后再喷1次，连喷2～4次保护新梢，避免新梢感病；成年树在谢花2/3及谢花后10天、30天、40天时各喷药1次保护新梢和幼果；大风或台风过后及时喷药1次保护伤口。药剂可选用20%噻菌铜悬浮剂500倍液、46.1%氢氧化铜水分散粒剂（可杀得3000）

1 200 ～ 1 500倍液、80%波尔多液400 ～ 600倍液、0.5%～ 1.0%石灰倍量式波尔多液、30%王铜悬浮剂400 ～ 600倍液、2%春雷霉素水剂500 ～ 600倍液、20%噻唑锌悬浮剂300 ～ 500倍液、47%春雷·王铜可湿性粉剂500 ～ 600倍液。

（4）联防联控　由于柑橘溃疡病极易传播蔓延，因此，在已经发生柑橘溃疡病的区域，各自为政往往难以获得良好的防效。各个果园之间或大规模果园内部，必须做到联防联控，统一种植无病苗木，统一清除病源，统一喷药保护新梢，才能有效控制病情直至消除病源。

（三）柑橘炭疽病

1.发病症状　柑橘炭疽病是一种真菌性病害，可危害柑橘地上部的各个部位及苗木。在高温多雨的夏初和暴雨后发病特别严重，植株夏、秋梢上发生较多。

（1）叶片症状（图5-37）　分为急性型和慢性型两种。急性型来势凶猛，扩散迅速，多在叶尖处开始发生，病斑暗绿色至黄褐色，似热水烫伤，整个病斑呈V形，湿度大时有许多红色小点，病叶常很快大量脱落。慢性型常发生在叶片边缘或近边缘处，病斑中央灰白色，边缘褐色至深褐色，湿度大时可见红色小点，干燥时则为黑色小点，排列呈同心轮纹状或呈散生状态，病叶落叶较慢。

（2）枝干症状（图5-38）　常在易受冻的枝梢上发生，使枝条自上而下枯死，枯死部分呈灰白色，上有黑色小点，病健部交界明显。

（3）果实症状（图5-39）　幼果初期症状为暗绿色不规则病斑，后扩大至全果，湿度大时常有红色小点，最后变成黑色僵果但不掉落。大果症状有干疤型、泪痕型和软腐型：干疤型在果腰部较多，呈近圆形黄褐色病斑，病组织不侵入果皮；泪痕型是在果皮表面有一条条如眼泪一样的病斑；软腐型在采收贮藏期间发生，一般从果蒂部开始，初期为淡褐色，以后变为暗褐色而腐烂。

（4）苗木症状（图5-40）　常在嫁接口附近发病，呈烫伤状，

图5-37　柑橘炭疽病危害叶片症状

图5-38　柑橘炭疽病枝条症状

图5-39　柑橘炭疽病果柄症状

图5-40　苗木感染柑橘炭疽病

严重时可使整个嫩梢枯死。

2.发病规律　炭疽病在整个柑橘生长季节均可发生，一般春梢期发生较少，夏、秋梢期发生较多。病菌以菌丝体和分生孢子在病组织中越冬。分生孢子借风雨和昆虫传播，在适宜的环境条件下萌发产生芽管，从气孔、伤口或直接穿透表皮侵入寄主组织。炭疽病菌是一种弱寄生菌，健康组织一般不会发病。但发生严重冻害，或由于耕作、移栽、长期积水、施肥过多等造成根系损伤，或早春低温潮湿、夏秋季高温多雨、肥力不足、干旱、虫害严重、农药药害等造成树体衰弱，或由于偏施氮肥后大量抽发新梢和徒长枝，均能助长病害发生。

3.防治方法

（1）加强栽培管理　加强肥水管理，增施农家肥和适当的钾肥，防止果园偏施氮肥，做好果园排水，避免积水，使树势健壮。冬季做好清园工作，剪除病枝梢、病果，清除地面的落叶、落果，集中烧毁。

（2）药剂防治　保护新梢，在春、夏、秋梢期各喷药1次；保护幼果则在落花后1个半月内进行，每隔10天左右喷药1次，连续喷2～3次。药剂可选用80%大生M-45可湿性粉剂500～800倍液、50%退菌特可湿性粉剂500～700倍液、25%咪鲜胺800～1 000倍液、30%苯醚·丙环唑（爱苗）3 000倍液、22.5%苯甲·嘧菌酯（阿米妙收）2 000倍液、60%吡唑·代森联1 000倍液。

（四）柑橘灰霉病

柑橘灰霉病在我国各柑橘产区均有发生。其主要危害花、嫩叶、枝条和幼果，引起花腐、花斑果和枯枝，降低坐果率，还会导致贮藏期的果实腐烂。

1.发病症状　花期遇连续阴雨，花瓣上先出现水渍状小圆点，随后迅速扩大为黄褐色的病斑，引起花瓣腐烂，其上长出灰黄色霉层。若天气干燥，则呈淡褐色干腐。腐烂的花瓣若落在幼叶、嫩枝和幼果上，就可使其发病。嫩叶上的病斑，在潮湿天气时呈水渍状软腐；干燥时呈淡黄褐色，半透明。小枝受害后常枯萎。幼果受害易脱落，若不落，病斑则会木栓化，或稍隆起，呈形状不规则的花斑果（图5-41、图5-42、图5-43）。

2.发病规律　柑橘灰霉病病菌以菌核及分生孢子在病部和土壤中越冬，翌年温度回升，遇多雨湿度大时即可萌发新的分生孢子，新、老分生孢子随气流传播到花上，初侵染发病后又长出大

图5-41　花瓣感染柑橘灰霉病

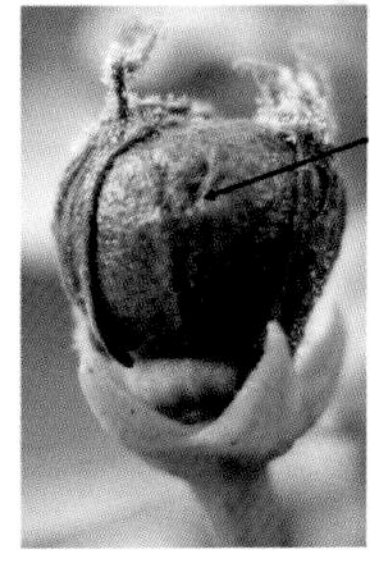

图5-42　柑橘灰霉病危害幼果

图5-43　柑橘灰霉病危害果实

量的分生孢子，再次传播侵染。花期若阴雨绵绵，常严重发病。

3.防治方法

（1）农业措施　冬季结合清园，剪除病枝、病叶，将其带出果园集中烧毁。花期遇雨，则进行摇花。花期发病，早上趁露水未干时摘除病花，以减少侵染源。

（2）药剂防治　开花前喷药1～2次预防，可用40%嘧霉胺悬浮剂1 000～1 500倍液、30%甲硫·福美双悬浮剂600～800倍液、50%啶酰菌胺水分散粒剂1 200～1 500倍液、30%嘧菌环胺悬浮剂600～800倍液、70%甲基硫菌灵可湿性粉剂800倍液、50%多菌灵可湿性粉剂600～800倍液等。

（五）柑橘疮痂病

1.发病症状　主要危害新梢、叶片、幼果等。受害叶初期在

叶片上出现水渍状圆形病斑，以后逐渐扩大变成黄褐色，并逐渐木栓化，多数病斑似圆锥状向叶背面突出，但不穿透叶背面，叶面呈凹陷状，病斑多时呈扭曲畸形，严重时引起落叶。受害幼果的果皮上产生褐色斑点，逐渐扩大并转为黄褐色、圆锥状、木栓化瘤状突起（图5-44），严重时病斑密布，果小、畸形，易脱落，俗称“癞痢头”。天气潮湿时，在疮痂的表面长出灰色粉状物。春季空气湿度大是发病严重的主要原因，春梢及幼果发病最为严重。

图5-44　柑橘疮痂病

2.发病规律　病原菌主要以菌丝体在患病组织内越冬，也可以分生孢子在新芽的鳞片上越冬。翌年春季，当阴雨多湿、气温回升到15℃以上时，越冬菌丝产生分生孢子，借风雨、露水或昆虫传播到柑橘幼嫩组织上，萌发后侵入。侵入后3 ~ 10天发病，新病斑上又产生分生孢子进行再次侵染。适温和高湿是疮痂病流行的重要条件。发病温度范围为15 ~ 28℃，最适为20 ~ 24℃。此外，疮痂病的发生流行程度与栽培品种、寄主组织的老熟程度、树龄和栽培管理等有密切关系。在设施栽培中管理水平较高，因此，采用设施栽培的果园一般发病较少。

3.防治方法

（1）种植无病苗木。

（2）冬季清园　剪除病虫枝、病叶、病果，清除地表枯枝、落叶并烧毁，再喷0.5波美度石硫合剂，以减少病源。同时加强肥水管理，改善树冠内部通风透光条件，增强树势。

（3）药剂防治　保护的重点是春梢嫩叶和幼果，即在春芽萌动至芽长2毫米时喷第一次药，以保护春梢。在花落2/3时喷第二次药以保护幼果。药剂可选用75%百菌清可湿性粉剂500 ~ 800倍液、80%大生M-45可湿性粉剂500 ~ 800倍液、30%苯醚·丙环唑（爱苗）3 000倍液、22.5%苯甲·嘧菌酯（阿米妙收）2 000倍液、10%苯醚甲环唑1 000倍液、60%吡唑·代森联1 000倍液、70%甲基硫菌灵可湿性粉剂1 000 ~ 1 200倍液等。

（六）柑橘煤烟病

1.发病症状 主要发生在叶片、枝梢或果实表面。初期出现暗褐色点状小霉斑，后继续扩大呈绒毛状的黑色霉层，似黏附着一层烟煤，后期霉层上散生许多黑色小点或刚毛状突起物（图5-45）。

图5-45　煤烟病

2.发病规律 病菌以菌丝体、子囊壳和分生孢子器等在病部越冬。翌年孢子借风雨传播。此病多发生于春、夏、秋季，其中以5 ~ 6月为发病高峰。蚜虫、介壳虫及粉虱等害虫发生严重的柑橘园，煤烟病发生也重。种植过密、通风不良或管理粗放的果园发生重。

3.防治方法

（1）适当稀植、适当修剪　使果园通风透光良好，减轻发病。

（2）防治害虫　喷药防治蚜虫、介壳虫及粉虱等害虫，是防治该病的关键。

（3）化学防护　在发病初期和冬季清园时可喷锐护97%精炼矿物油250倍液、99%绿颖矿物油200倍液、99%绿宝矿物油150 ~ 200倍液，间隔1周连续喷两次效果较好。

（七）柑橘流胶病

1.发病症状 主要发生在主干上，其次为主枝，小枝上也会

图5-46 流胶病

发生。病斑不定形，病部皮层变褐色，水渍状，并开裂和流胶（图5-46）。病树果实小，提前转黄，味酸。以高温多雨的季节发病重。

2.发病规律 在枯枝上越冬的分生孢子器是翌年初次侵染的主要来源。翌年春季，环境适宜时，特别是多雨潮湿时，枯枝上的越冬病菌开始大量繁殖，借风、雨、露水和昆虫等传播。6～10月发生较多。病原菌是一种弱寄生菌，生长衰弱或受伤的柑橘树病原菌容易侵入危害。因此，树体遭受冻害造成的冻伤和其他伤口，是本病发生流行的首要条件。如上年低温使树干冻伤，往往翌年温、湿度适宜时病害就可能大量发生。此外，多雨季节也常常造成此病大发生。不良的栽培管理，特别是肥料不足或施用不及时、偏施氮肥、土壤保水性或排水性差、各种病虫危害等造成树势衰弱，都容易引致此病的发生。

3.防治方法

（1）*农业措施* 注意开沟排水，改善果园生态条件，夏季进行地面覆盖，冬、夏进行树干刷白，加强蛀干害虫的防治。

（2）*浅刮深刻* 将病部的粗皮刮去，再纵切裂口数条，深达木质部，然后涂以50%多菌灵可湿性粉剂100～200倍液，或25%瑞毒霉可湿性粉剂400倍液。

（八）柑橘线虫病

柑橘线虫病分柑橘根结线虫病和柑橘根线虫病（5-47）。

1.发病症状 发病根的根皮轻微肿胀，根表层皮易剥离，须根结成饼团状；地上部分表现抽梢少，叶片小、叶缘卷曲、黄化、无光泽，开花多而挂果少，产量低；发病重时枝枯叶落，严重的会引起整株枯死。

2.发病规律 柑橘根结线虫病病原线虫以卵和雌虫越冬，由病苗、病根和带有病原线虫的土壤、水流以及被污染的农具传播。温度20～30℃时，线虫孵化、发育及活动最盛。卵在卵囊内发育成为一龄幼虫。一龄幼虫孵化后仍藏于卵内，经1次蜕皮后破卵而出，成为二龄侵染虫，活动于土中，等待机会侵染柑橘树的嫩根。二龄幼虫侵入根部后，在根皮和中柱之间危害，并刺激根组织过度生长，形成不规则的根瘤。幼虫在根瘤内生长发育，再经3次蜕皮，发育成为成虫。雌、雄虫成熟后交尾产卵，卵聚集在雌虫后端的胶质囊中，卵囊的一端露在根瘤外。此线虫一年可发生多代，能进行多次重复侵染。

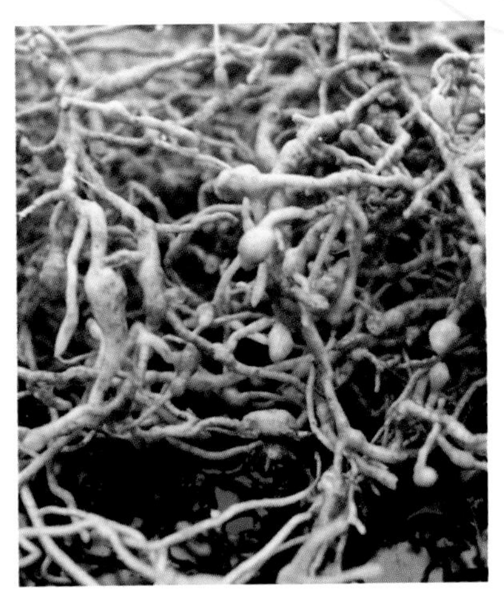

图5-47 根结线虫

柑橘根线虫病病原的卵在卵壳内孵化发育成一龄幼虫，蜕皮后破壳而出，即二龄侵染幼虫。雄幼虫再蜕皮3次变为成虫。雌虫直至穿刺根之前，都保持细长形，一旦以颈部穿刺根内固定危害后，露在根外的体躯迅速膨大，生殖器发育成熟，并开始产卵。柑橘根线虫幼虫在须根中的寄生量以夏季最少，冬春最多，而雌成虫对须根的寄生量，周年基本均匀。土壤温度对该线虫的活动和发生有影响，25～31℃为侵染的最适温度，15℃和35℃有轻微侵染，温度低于15℃，线虫不活动，但不死亡。根线虫在土壤中的分布，以深10～30厘米的土层为最多。土壤结构影响该线虫的生殖率，含有50%黏土的土壤，线虫生殖率很低，含有10%～15%黏土的土壤，线虫生殖率最高。土壤pH在6.0～7.7之间，有利于线虫繁殖。

3.防治方法

（1）严格实行检疫　购买苗木应加强检疫，严禁在受柑橘线虫病危害的病区购买有可能感染了线虫的苗木。对无病区应加强保护，严防病区的土壤、肥、水和耕作工具等易带线虫物传带至无病区。

（2）选育抗病砧木　选育能抗柑橘线虫病的砧木，是目前解决在病区发展种植柑橘较有效的办法。根据当地栽培条件，通过对多种适宜的砧木进行比较试验，培育和筛选出抗柑橘线虫病的砧木。

（3）剪除受害根群　在冬季结合松土晒根，在病株树盘下深挖根系附近土壤，将被根结线虫病危害的有根瘤、根结的须根团剪除，保留无根瘤、根结的健壮根和水平根及较粗大的根，同时撒施石灰后进行翻土。

（4）加强肥水管理　对病树采用增施有机肥，并加强其他肥水管理措施，以增强树势，达到减轻危害程度的目的。

（5）药物防治　在挖土剪除病根时将覆土均匀混施药剂，或在树冠滴水线下挖深15厘米、宽30厘米的环形沟，灌水后施药并覆土。药剂可选用11%阿维·噻唑膦3 000倍液淋施、1.8%阿维菌素B_2乳油（豪线）1 000 ～ 1 500倍液、淡紫紫孢菌4 000倍液淋施或5 ～ 10克/株撒施。

（九）柑橘脚腐病

1.发病症状　柑橘脚腐病主要危害主干。当病部环绕主干时，叶片黄化，枝条干枯，以至植株死亡。主要症状发生在根颈部皮层，向下危害根，引起主根、侧根乃至须根腐烂；向上发展达20厘米，使树干基部腐烂。幼树栽植过深时，从嫁接口处开始发病，病部呈不规则水渍状，黄褐色至黑色，有酒糟味，常流出褐色胶液。被害部相对应的地上部叶小，主、侧脉深黄色易脱落，形成秃枝，干枯。病树花特多，果实早落，残留果实小，着色早，味

酸（图5-48）。

图5-48　脚腐病

2.发病规律　该病病原为尖镰孢霉和寄生疫霉菌，以菌丝在病部越冬，也可以菌丝或卵孢子随病残体遗留在土壤中越冬。靠雨水传播；从植株根颈侵入。病害的发生与品种、气候、栽培管理关系密切。橙类、金柑发病较重；4月中旬开始发病，6～8月气温20～30℃、湿度85%以上时发病多，10月停止发病；幼年树很少发病，15年以上的实生金柑发病多；在土壤黏重、排水不良、长期积水、土壤持水量过高时发病重；土壤干湿度变化大、栽植过密或间作高秆作物、橘园郁蔽湿度大的果园发病较重；由冻害、虫害或农事操作引起伤口的易于被该病侵染。

3.防治方法

（1）*利用抗病砧木*　以枳壳最抗病，红橘、构头橙、酸橘和香橙次之。用抗病砧木育苗时应当提高嫁接口的位置；定植时须浅栽，使抗病砧木的根颈部露出地面，以减少发病。

（2）*合理计划密植*　密植园中后期要及时间伐，以利通风透光，降低湿度，减少发病。

（3）*改善和加强果园栽培管理*　改良土壤，及时排水，防止积水，禁种高秆作物，降低果园湿度，重视天牛、吉丁虫的防治，以减少伤口；将种植过深的树主干基部的泥土扒开，让嫁接口全部露出地面，对发病较重的树，根据具体情况进行修剪，将病枝、弱枝、未成熟的枝条剪去，减少枝叶量，减少蒸腾量。

（4）*靠接换砧*　已定植的感病砧木植株于3～5月在主干上靠

接3～4株抗病砧木，轻病树和健康树可预防病害发生；重病树靠接粗大的砧木，使养分输送正常和起到增根的效果。

（5）药物防治　每年的3～5月逐株检查，发现病树，先用刀刮去病部皮层，再纵刻病部深达木质部，间隔0.5厘米宽，并超过病斑1～2厘米，再用25%瑞毒霉400～600倍液、65%山多酚400～600倍液、2%～3%硫酸铜200倍液、6.25%精甲·咯菌腈（亮盾）10倍液、甲基硫菌灵200倍液、1：1：10波尔多液等涂抹病部，15～20天1次，连续2～3次。

附录一

桂林地区沃柑结果树周年管理工作历

月份	物候期	管理工作要点
1	花芽形态分化期	①预防低温霜冻、冰冻伤果；②分期采收果实；③采果后挖除黄龙病树；④冬季修剪。
2	花芽形态分化期，春梢萌芽、生长	①分期采收果实；②施萌芽肥；③春季修剪；④防治蚜虫、柑橘木虱、花蕾蛆。
3	花蕾期、春梢转绿期	①叶面追肥1～2次；②采收果实；③采果后挖除黄龙病树；④春季修剪；⑤防治红蜘蛛、柑橘木虱；⑥拆除薄膜。
4	开花期、生理落果期	①叶面追肥1次；②谢花后喷1～2次20～30毫克/千克的九二〇保果；③防治红蜘蛛、疮痂病；④施稳果肥；⑤中耕除草。
5	生理落果、幼果膨大、夏梢萌芽生长期	①叶面追肥；②喷1次20～30毫克/千克的九二〇保果；③防治红蜘蛛、锈蜘蛛、炭疽病、介壳虫、粉虱等；④主干或主枝环割保果；⑤抹除夏梢；⑥开沟排水。
6	夏梢转绿、果实膨大期	①叶面追肥1次；②施壮果肥；③防治红蜘蛛、锈蜘蛛、炭疽病、柑橘木虱、天牛、潜叶蛾、粉虱、煤烟病等；④树盘松土；⑤抹除夏梢。
7	果实膨大、秋梢萌芽生长期	①叶面追肥1次；②施壮果攻梢肥；③防治红蜘蛛、锈蜘蛛、炭疽病、柑橘木虱、天牛、潜叶蛾、介壳虫等；④夏季深施肥；⑤7月上旬进行夏季修剪；⑥放秋梢。
8	秋梢转绿、果实膨大期	①叶面追肥1次；②树盘覆盖、淋水抗旱；③防治红蜘蛛、锈蜘蛛、柑橘木虱、潜叶蛾等；④铲除树盘杂草；⑤8月上旬进行夏季修剪；⑥放秋梢。

（续）

月份	物候期	管理工作要点
9	秋梢转绿、果实膨大期	①叶面追肥1次；②淋施水肥1～2次；③防治红蜘蛛、锈蜘蛛、柑橘木虱等；④普查黄龙病，砍伐黄龙病树。
10	果实膨大期	①叶面追肥1次；②淋施水肥1次；③防治红蜘蛛、锈蜘蛛等；④砍伐黄龙病树。
11	果实着色期、花芽生理分化期	①叶面追肥1～2次；②淋施水肥1次；③防治红蜘蛛、果实蝇、吸果夜蛾等；④预防大风、霜冻；⑤旺树促花。
12	果实成熟、花芽生理分化期	①预防低温霜冻、冰冻伤果；②树冠盖膜；③分期采果；④施采前肥；⑤冬季修剪。

附录二

农药稀释方法

1.百分比浓度 百分比浓度（%）$=\frac{溶质}{溶液}\times 100\%$。

如配制0.2%的尿素溶液，即在100千克水中加入0.2千克尿素。

2.倍数浓度 即1份农药加水的份数。

例如50%多菌灵500倍液，即1千克50%的多菌灵药剂加水500千克。

3.百万分比浓度（即ppm浓度，现已禁用） 即100万份药液中含药剂有效成分的份数，或每升药液中所含药剂的毫升数或每千克药液中所含药剂的毫克数。生产上常用于稀释植物生长调节剂。具体配制公式如下：

$$配药用水量=\frac{药剂用量\times药剂含量}{配制浓度}$$

如：用5克75%的赤霉素（九二〇）配制20毫克/千克的溶液，所需的用水量为：

$$配药用水量=\frac{5克\times 75\%}{20毫克/1\,000克}=187\,500克=187.5千克$$

不同浓度植物生长调节剂稀释成不同浓度溶液所需用水量详见附表：

1克植物生长调节剂配制成不同浓度溶液所需用水量

配制浓度（毫克/升）	用水量（千克）		
	赤霉素（九二〇）	2,4-D	
	75%	80%	90%
5	150.00	160.00	180.00
10	75.00	80.00	90.00
15	50.00	53.33	60.00
20	37.50	40.00	45.00
25	30.00	32.00	36.00
30	25.00	26.67	30.00
35	21.43	22.86	25.71
40	18.75	20.00	22.50
50	15.00	16.00	18.00